土木工程施工与管理

周 威 主编

U0248121

哈尔滨出版社
HARBIN PUBLISHING HOUSE

图书在版编目（CIP）数据

土木工程施工与管理 / 周威主编. -- 哈尔滨 : 哈
尔滨出版社, 2024.1
ISBN 978-7-5484-7706-8

Ⅰ.①土… Ⅱ.①周… Ⅲ.①土木工程－工程施工②
土木工程－施工管理 Ⅳ.①TU7

中国国家版本馆CIP数据核字(2024)第040640号

书　名：土木工程施工与管理
TUMU GONGCHENG SHIGONG YU GUANLI

作　　者：周　威　主编
责任编辑：韩金华
封面设计：蓝博设计

出版发行：哈尔滨出版社（Harbin Publishing House）
社　　址：哈尔滨市香坊区泰山路82-9号　　邮编：150090
经　　销：全国新华书店
印　　刷：武汉鑫佳捷印务有限公司
网　　址：www.hrbcbs.com
E-mail：hrbcbs@yeah.net
编辑版权热线：（0451）87900271　87900272
销售热线：（0451）87900201　87900203

开　　本：787mm×1092mm　1/16　印张：9.5　字数：220千字
版　　次：2024年1月第1版
印　　次：2024年1月第1次印刷
书　　号：ISBN 978-7-5484-7706-8
定　　价：68.00元

凡购本社图书发现印装错误，请与本社印制部联系调换。
服务热线：（0451）87900279

Preface　前　言

作为一本针对土木工程领域的教学资料，本教材旨在为学生和从业人员提供关于土木工程施工与管理的全面指南。它旨在帮助读者深入理解土木工程的基本原理、施工技术和项目管理方法，从而为他们建立坚实的基础，并帮助其在今后的实践中取得成功。

土木工程是人类社会发展的重要支撑，涵盖道路、桥梁、建筑、水利等多个领域，直接影响城市的交通、供水、供电等基础设施。因此，土木工程的设计、施工和管理至关重要。本教材旨在通过系统和全面的介绍，帮助读者掌握土木工程项目从筹备到完工验收的全过程。

本教材的内容经过了精心整理，结合了作者多年的教学经验和实践工作，注重以理论为基础，结合实践案例和行业最佳实践。它详细介绍了土木工程中的关键知识领域，包括土木工程施工与管理概述、施工合同与法律法规、工程项目计划与进度管理、资源管理与供应链、质量管理与安全管理、项目成本与财务管理、人力资源与团队管理、土木工程创新与可持续发展等。

在教学过程中，我们还特别注重培养学生的批判性思维和问题解决能力。通过案例研究、团队合作和实践项目等教学活动形式，我们鼓励学生在实际应用中应对复杂的土木工程问题。同时，我们也强调创新和可持续发展的重要性，以培养学生面对未来挑战的能力和意识。

除了专业技术的培养，本教材还关注学生的综合素质发展。我们鼓励学生培养领导力、沟通能力、团队合作精神和职业道德，以适应不断变化的社会和行业需求。因此，本教材不仅侧重于传授知识，更专注于培养学生的实践能力和职业素养。

作为一名教师，我深知教书育人的责任和使命感。教材的编写是一个团队的努力，感谢所有参与者的付出与支持。我相信，通过本教材，读者将能够在土木工程领域取得卓越的成就，并为社会的发展和进步做出贡献。

最后，我衷心希望本教材能够成为你们学习和实践的有力工具。无论是作为学生还是从业人员，我祝愿你们在研读本教材的过程中获得全面的理解和应用能力。相信通过不懈努力，你们将成为杰出的土木工程师，为建设美好的社会而努力奋斗。

编者

2023.11

Contents 目 录

模块一 土木工程施工与管理概述

项目一 施工管理的重要性

一、确保工程质量

（一）确保工程质量

施工管理在土木工程项目中起到了确保工程质量的关键作用。

首先，施工管理人员需要制定明确的施工标准和质量控制措施。他们会参考相关的行业标准和规范，以确保工程符合要求。此外，施工管理人员还需要制定详细的施工方案和施工流程，确保每个环节都得到正确的实施。

其次，施工管理人员通过监督和检验施工过程中的质量问题，确保及时采取纠正措施。施工管理人员会定期进行现场巡检，检查施工质量并发现潜在问题。他们还会进行交叉检查和交底，以确保每个工序都按照预定的质量标准进行施工。

施工管理还涉及材料供应链的管理。施工管理人员会与供应商进行合作，确保采购到符合标准的材料。他们会进行物资验收，并组织进行必要的试验和检测，以确保材料的质量达到要求。

此外，施工管理人员还会对施工过程中的参数进行严格监控。他们会使用现代化的监测仪器和技术手段，对施工过程中的各项参数进行实时监测。例如，在混凝土浇筑过程中，他们会测量和记录混凝土的坍落度、强度和密度等关键指标，以保证混凝土的质量。

有效的施工管理，可以最大限度地避免施工质量不达标的情况发生。这有助于确保工程的可持续性和长期稳定运行。

（二）保障施工安全

在土木工程施工中，安全事故常常是一个严重的问题。施工管理人员通过有效的安全管理措施，确保施工过程的安全性。

首先，施工管理人员会制定和执行严格的安全规章制度，并组织相关培训，增强工人的安全意识和技能。他们会向工人介绍施工现场的危险源，并告诉他们如何正确使用个人防护装备。

其次，施工管理人员还负责进行风险评估和预防措施的制定。在施工前，他们会对施工现场进行详细的风险评估，并为工人提供相应的安全操作指导。在施工过程中，他们会定期检查现场的安全状况，并及时采取措施消除隐患。另外，施工管理人员还会定期组织安全演习和培训，以确保工人能够正确应对突发事件和危险情况。

施工管理的安全控制，不仅能够保护工人的生命安全和身体健康，还能避免损失和延误，最大限度地减少工程事故的发生。

（三）提高施工效率和资源利用率

施工管理人员通过有效的现场组织、生产计划和物资管理，能够提高施工效率和资源利用率。

首先，施工管理人员负责协调施工队伍的安排和工作进度。他们会根据项目的需求和施工进度制订合理的施工计划，并与各个工种的工人进行有效的沟通和协调。他们会考虑到施工过程中存在的交叉工序和资源共享，合理安排工人的工作顺序和时间。

其次，施工管理人员还负责物资的合理规划和优化供应链管理。他们会与供应商建立紧密的合作关系，以保证物资的及时供应。同时，他们会根据施工计划进行物资的调拨和运输，确保各个施工区域都能得到合适的物资支持。施工管理中的有效物资管理，可以避免物资的浪费和过度库存，提高施工效率。

此外，施工管理人员还会使用现代化的技术手段和管理方法，提高施工效率和资源利用率。例如，他们会使用远程监控系统对施工进度和质量进行实时监控，及时发现问题并做出调整。他们还会应用信息化技术，优化施工流程和资源分配，提高施工效率。

施工管理的科学方法和技术手段的应用，可以实现施工过程的优化和资源的最大化利用。这不仅降低了工程成本，还提高了工程项目的竞争力。

二、保障施工安全

（一）制定严格的安全规章制度

施工管理人员通过制定严格的安全规章制度，为施工现场提供明确的安全指导。这些规章制度涵盖了各个方面，包括施工现场的出入证制度、安全工作票制度、施工作业许可制度等。这些规章制度的制定是建立在法律法规和行业标准的基础之上的，目的是确保施工过程的安全性。明确施工人员的行为规范和安全要求，能够增强工人的安全意识和遵守规章制度的自觉性。

在制定安全规章制度时，施工管理人员需要考虑到具体的施工环境和工种要求。他们会与各个相关部门和专家进行沟通和研究，确保制定的规章制度科学合理，并能够真正应对施工过程中的安全风险。此外，施工管理人员还会向工人解释和普及安全规章制度的重要性，并通过现场示范和培训，帮助工人正确理解和执行规章制度。

这些安全规章制度还规定了施工现场的应急预案和逃生路线，为突发事件的处理提供了指导。当施工现场出现紧急情况时，施工人员可以依据预先制定的应急预案采取相应的措施，并通过设备设施和逃生通道等保障自身的安全。这些规章制度对施工人员的安全至关重要，能够帮助他们应对各种突发情况，降低事故发生的风险。

（二）培训工人，增强安全意识

施工管理人员通过培训工人，增强他们的安全意识和技能水平。培训内容包括施工现场的常见安全风险、安全操作规程和紧急救援知识等。培训可以帮助工人更好地认识施工现场存在的危险因素和潜在的安全隐患。他们会学习必要的安全操作规程，掌握正确的施工方法和使用安全设备的技巧。

在培训过程中，施工管理人员会运用多种教育手段和教学方法，以增强培训的效果。例如，他们可以组织工人参观其他工地的安全示范点，让其亲身体验安全问题的发生和后果。同时，他们还可以通过案例分析和模拟演练等方式，让工人在虚拟环境中面对各种突发情况，并学习如何正确应对。这些培训措施，可以提高工人对施工安全的认识和理解，增强他们对于安全行为的自觉性。

并且，施工管理人员还会定期组织安全培训课程和知识考核，以确保工人持续保持对安全知识的掌握和应用能力。培训不仅是为了增强工人的安全意识，更是为了让他们能够在实际施工中运用所学知识，减少事故的发生。

（三）风险评估与预防措施的制定

在施工前，施工管理人员需要进行详细的风险评估，识别出施工现场可能存在的危险因素和安全隐患。他们会综合考虑施工过程中涉及的各个方面，包括人、材、机、法、环境等，并结合现场实际情况进行评估。科学的风险评估，有助于施工管理人员全面了解施工现场的安全风险，并为后续的安全控制措施制定提供依据。

基于风险评估的结果，施工管理人员会制定相关的预防措施，以减少事故发生的可能性。这些预防措施包括工作许可制度、安全操作程序、安全设备的使用等。工作许可制度，可以确保施工过程中每项工作都得到科学组织和合理安排，并且具备相应的安全条件。安全操作程序是指针对不同施工环节和工种制定的操作规程，通过正确执行这些程序，能够减少安全事故的发生概率。安全设备的使用是为了保障施工人员的生命安全和身体健康，每个工人都必须佩戴适当的个人防护用品，如安全帽、防护鞋等。

此外，对于特殊工种和特殊作业，施工管理人员还会组织专项培训，确保工人能够熟练掌握安全操作技能，并能在施工过程中随时预防和应对安全风险。例如，高空作业和挖掘机操作等特殊作业具有一定的风险性，需要工人具备专业的技能和知识。因此，施工管理人员会安排针对这些特殊工种和作业的培训，并严格要求工人取得相关的操作证书。

三、提高施工效率和资源利用率

（一）有效的现场组织与生产计划

在施工管理中，现场组织是提高施工效率的重要环节。施工管理人员需要合理安排施工队伍的配备和工作进度，以确保施工任务按时完成。他们会根据工程的实际情况和施工要求，制订详细的生产计划，并对一线工人进行指导和监督。现场组织和生产计划的科学管理，可以避免资源浪费和施工进度延误的问题。

在现场组织方面，施工管理人员也需要注重协作与沟通。他们会与不同部门的人员进行协调，确保施工过程中各项工作的顺利推进。同时，他们还会与其他相关方如供应商、监理等保持密切联系，及时解决可能出现的问题，确保施工进展顺利。

（二）优化物资供应与周转

物资管理是高效利用资源的关键环节。施工管理人员通过对物资的精确计划、合理采购和及时配送，能够确保施工现场所需的物资供应充足且及时到位。他们会根据施工计划和需求量，合理安排物资的进货和储备。同时，施工管理人员还会建立起健全的物资周转机制，避免物资积压和闲置。

除了合理规划物资的供应，施工管理人员还需要对物资进行合理分配和使用。他们会考虑施工现场的具体情况和工序要求，合理安排物资的使用顺序和数量。同时，施工管理人员还会加强对物资的监控和管理，避免物资的丢失和过度消耗。优化物资供应和周转，可以有效减少资源浪费，提高施工效率。

（三）科学方法与技术手段的应用

施工管理人员通过引入科学方法和技术手段，提高施工效率和资源利用率。例如，他们可以借助数字化施工管理系统和云端平台，实现信息的共享和实时更新，提高工作效率和准确性。同时，他们也可以引入建筑信息模型技术，实现施工过程的数字化、三维化和集成化，优化施工流程和资源配置。

此外，施工管理人员还可以采用智能化设备和工艺，实现施工作业的自动化和智能化。例如，他们可以应用无人机进行现场勘查和监测，提高数据采集的效率和准确性。同时，他们还可以使用远程监控系统和传感器，实时监测施工进度和质量，及时预警和纠正潜在问题。

项目二　施工项目的生命周期

一、项目可行性研究阶段

（一）项目可行性分析和评估

在项目可行性研究阶段，施工管理人员与专家团队合作，进行项目的可行性分析和评估。他们会收集相关数据和信息，包括市场调研、技术方案、法律法规等方面的资料。他们通过系统地对这些信息进行分析，评估项目的可行性，包括技术可行性、经济可行性和社会可行性。

在技术可行性方面，施工管理人员会评估项目的技术难度、成本效益、风险和可行性。他们会结合现有技术能力和资源条件，综合考虑工程设计、施工方法和装备选择等因素，确保项目在技术上能够实现并达到预期目标。

在经济可行性方面，施工管理人员会进行投资回报分析和成本效益评估。他们会对项目的投资规模、回报周期和利润空间进行计算和估算，评估项目的盈利能力和资金回收情况。同时，他们还会考虑项目的可持续性和长期发展潜力，为投资决策提供参考依据。

在社会可行性方面，施工管理人员会考虑项目对社会的影响和贡献。他们会评估项目对周边环境、居民生活和公共利益等方面的影响，并提出相应的环保和社会责任措施，确保项目符合社会伦理和可持续发展的要求。

（二）项目整体规划与定位

在项目可行性研究阶段，施工管理人员需要对项目进行整体规划和定位。他们会分析市场需求和竞争情况，并确定项目的目标和发展方向。通过调研和分析，他们会根据项目的特点和优势，确定适合的发展策略和落地计划。

在整体规划和定位阶段，施工管理人员需要考虑项目的规模和范围。他们会进行项目的划分和任务分配，明确各个阶段和部门的职责和工作内容。同时，他们还需要协调各方利益相关者的关系，包括政府部门、业主、供应商、投资者等，确保项目能够得到支持。

此外，施工管理人员还需要考虑项目的法律法规和社会责任要求。他们会对项目可能涉及的法律问题和风险进行评估，制定相应的合规措施和管理方案。同时，他们还会关注社会的公共利益和可持续发展，通过社会责任项目的设立和推动，为项目带来更多的社会效益。

（三）收集意见建议与决策支持

在项目可行性研究阶段，施工管理人员需要积极收集各方的意见建议，并结合专家团队的分析和评估，提供决策支持。他们会与相关部门、专家顾问、投资者等进行沟通和协商，了解不同利益相关者的需求和期望。

通过收集意见建议和决策支持，施工管理人员能够更好地了解项目的潜在问题和挑战，并制定相应的应对措施。他们会关注各方的意见和反馈，并进行综合考量和权衡，确保项目的可行性和成功实施。

二、设计阶段

（一）工程设计与要求分析

在设计阶段，施工管理人员与设计人员和专家团队紧密合作，对项目的具体要求进行深入分析和细致把握。他们会与客户和业主沟通，了解项目的功能需求、空间布局和美学要求等。同时，他们还会考虑项目所处环境和使用条件，确定相应的设计参数和技术要求。

在工程设计过程中，施工管理人员需要保证设计方案符合相关标准和规范。他们会对设计成果进行审查和评估，包括建筑结构、电气设计、给排水系统等方面。通过仔细检查和分析，施工管理人员能够发现潜在的问题和风险，并提出改进意见和建议。

（二）设计方案的优化和调整

设计阶段，施工管理人员也会参与到设计方案的优化和调整中。他们会与设计人员和专家团队进行反复讨论和交流，共同寻找最优的设计方案。施工管理人员会从施工角度出发，对设计方案的可操作性和可控性进行评估。

通过与设计人员的密切合作，施工管理人员能够提出对施工过程更加友好和高效的建议。例如，在材料选择和构造设计上提供可行性意见，在施工流程和进度安排上提供合理性建议。优化和调整设计方案，可以提高施工质量和效率，降低施工风险和成本。

（三）协调与审批工作

在设计阶段，施工管理人员还需要与相关部门和监理单位进行沟通和协调。他们会负责协调不同专业的设计人员之间的工作，确保设计文件的综合性和一致性。

另外，施工管理人员还需要负责设计文件的审批流程。他们会核对设计文件的完整性和准确性，确保符合相关法律法规和标准要求。施工管理人员与相关部门进行沟通，将设计文件提交给审批机构进行审核和批准。

通过协调和审批工作，施工管理人员能够确保设计方案的合规性和可行性。他们为设计人员提供及时的指导和建议，推动设计文件的编制和审批流程顺利进行。

三、施工准备阶段与施工实施阶段

（一）施工准备阶段

施工准备阶段是项目启动前的关键时期。在这个阶段，施工管理人员需要做好项目组织、资源准备和协调工作。

首先，施工管理人员会制订详细的施工计划和进度安排。他们会根据项目的规模和要求，确定施工的起止时间、工序安排和工期计划等。合理的计划和安排，能够提高施工效率和控制整体进度。

其次，施工管理人员需要确定施工队伍的配置和任务分工。他们会根据项目的需要，确定所需的技术人员、工人和管理人员的数量和岗位职责。同时，他们还会安排相关培训和配套措施，确保施工团队能够胜任各自的工作。

最后，施工管理人员还需要协调物资供应和设备采购等方面的工作。他们会与供应商进行沟通和洽谈，确保所需物资的供应和质量符合要求。同时，他们还会考虑设备的选择和租赁，确保施工现场的各种设备和机械可以正常使用。

（二）施工实施阶段

施工实施阶段是整个项目的核心阶段。在这个阶段，施工管理人员需要对施工过程进行全面的管理和监督，以确保项目的顺利进行。

首先，施工管理人员会根据施工计划进行施工任务的组织和分配。他们会根据工序和施工顺序，合理安排施工人员的工作流程和协作方式。同时，他们还需要进行施工现场的布置和标识，确保施工过程的有序进行。

其次，施工管理人员会持续监督施工质量和进度的达成。他们会对施工现场进行巡查和检查，确保施工按照设计要求和标准进行。同时，他们还会与工程监理和安全专家进行密切合作，共同解决施工过程中的质量和安全问题，确保施工的质量和安全可控。

最后，施工管理人员还需要与相关部门和利益相关者进行沟通和协调。他们会及时与业主、监理单位、政府部门等进行沟通，汇报施工进度和反馈问题。有效的沟通和协调，能够及时解决施工过程中的问题，保障项目的整体推进。

四、竣工验收阶段

（一）协助竣工验收工作

竣工验收阶段是项目生命周期的最后阶段，施工管理人员起着重要的作用。他们需要协助相关部门进行竣工验收工作，确保工程质量符合相关要求和标准。

在竣工验收工作中，施工管理人员会协助收集和整理施工过程中的各种文件和资料。这包括施工记录、质量报告、检测检验报告及设备和材料的验收证明等。他们会仔细审核这些信息，确保所有文件和资料的真实性和完整性。

此外，施工管理人员还需协调相关单位和监理人员参与竣工验收工作。他们与业主、设计单位、监理单位等进行密切合作，共同完成竣工验收的各项检查和评估工作。他们通过协调和汇总各方的意见，最终确定竣工验收的结论和报告。

（二）评价和总结工程成果

竣工验收阶段也是对整个项目的成果进行评价和总结的时期。施工管理人员会综合考虑施工过程中的时间、质量、安全、成本等方面的要素，对工程项目的综合表现进行评价。

通过对施工过程的评价，施工管理人员能够了解项目存在的问题和不足之处，并为今后类似项目提出改进建议。同时，他们会总结项目管理的经验和教训，为今后的工程项目提供有益的指导。

（三）完工交付和启动运营

竣工验收标志着施工项目的完工和交付。在竣工验收通过之后，施工管理人员会参与工程的正式交付和启动运营工作。

他们会与业主和相关部门一起，确保项目的交付手续和文件齐全。同时，他们还要协助进行培训和移交工作，确保业主能够熟悉和掌握项目的运营和维护。

此外，施工管理人员还会协助推动项目的后期工作，如质量保修、施工纠纷处理和售后服务等。他们与相关方共同努力，确保项目可以顺利运营并实现预期效益。

项目三　施工管理的职责和要求

一、确保项目质量

（一）协调相关方的合作

1.协调设计人员

施工管理人员需要与设计人员协调合作，以确保项目质量。他们会参与设计讨论会议，并与设计人员沟通和交流，了解设计意图和技术要求。通过与设计人员的密切合作，施工管理人员能够更好地理解设计方案，明确质量标准和要求。他们会提供必要的建议和技术支持，以确保设计的实施符合质量标准。

2.协调施工队伍

施工管理人员需要与施工队伍密切合作，以确保施工质量。他们会与不同班组的负责人进行沟通和协调，明确任务分工和责任。施工管理人员会为施工人员提供必要的培训和指导，确保他们理解并遵循质量标准和要求。通过有效的协调和配合，施工管理人员能够促使施工队伍按照设计方案和规范进行施工工作，保证项目的质量目标的达成。

3.协调供应商

施工管理人员需要与供应商进行紧密的合作，以确保材料和设备的质量。他们会与供应商进行沟通，明确质量要求和交付时间。施工管理人员会监督和检查供应的材料和设备，确保它们符合质量标准和要求。如果发现质量问题，他们会与供应商进行协调解决。通过与供应商的协调合作，施工管理人员能够确保项目所使用的材料和设备符合质量要求，从而保证整个施工过程的顺利进行。

（二）监督施工进程

1.巡查施工现场

施工管理人员会定期巡查施工现场，以监督施工进程。他们会仔细观察施工现场的执行情况，检查施工人员是否按照设计方案和规范进行施工。同时，他们还会检查施工材料的质量和使用情况，确保符合要求。通过巡查，施工管理人员能够及时发现潜在问题，并采取相应措施解决，确保施工进程顺利进行。

2.指导施工班组

施工管理人员会与施工班组进行沟通并给予指导，以确保施工质量。他们会召开施工会议，与施工团队讨论施工进度、质量要求和安全事项等。施工管理人员会给施工班组提供必要的技术指导和培训，确保施工人员了解并遵守施工规范。同时，他们会与班组负责人保持良好的沟通，及时了解施工进展和遇到的问题，以便调整工作计划和采取相应的措施。

3.监督质量控制

施工管理人员在施工过程中会进行质量监督和控制。他们会制订相应的质量控制计划，并与施工班组一起执行。施工管理人员会对重点工序和关键节点进行重点监督，确保质量标准得到落实。同时，他们会与质量检测部门合作，对施工质量进行抽样检测和验收，并记录相关数据和结果。通过监督质量控制，施工管理人员能够及时发现并纠正质量问题，确保施工质量的稳定和可控。

（三）检查和测试施工质量

1.材料抽查和验收

施工管理人员会定期抽查施工现场所使用的材料，确保其质量符合要求。他们会检查材料的标识、规格、生产日期等信息，以确认其合格。同时，施工管理人员还会参与材料的验收过程，对送检的材料进行检测和评估。通过材料抽查和验收，施工管理人员能够及时发现可能存在的问题和质量隐患，并及时采取纠正措施。

2.工艺工序检测

施工管理人员会检测和测试施工过程中的工艺工序，以确保施工质量达到要求。他们会检查施工工序的执行情况和合格率，确保施工过程中的每一个环节都符合规范和标准。施工管理人员还会抽查样品进行物理性能测试、化学分析等，以验证工序的质量。通过工艺工序的检测和测试，施工管理人员能够评估施工质量的状态，并及时调整和改进工艺流程，以达到预期的质量目标。

3.第三方专业机构合作

施工管理人员会与第三方专业机构合作，进行必要的检测和试验。这些专业机构拥有先进的实验设备和技术，能够对施工质量进行全面、准确的评估。施工管理人员会委托第三方机构进行材料检测、结构强度测试、土质分析等工作。通过与第三方专业机构的合作，施工管理人员能够获得权威的质量评估结果，并及时采取相应的措施。

二、管理和控制项目进度

（一）制订合理的施工计划

首先，施工管理人员会对项目进行综合评估和规划。他们会了解项目的特点、目标和需求，然后根据项目的复杂性、工期、资源等因素进行优化设计。在评估过程中，施工管理人员会考虑项目的技术难度、供应链和物流配送等因素，以确保施工计划的可行性和可操作性。

其次，施工管理人员会制定详细的施工任务和时间节点。他们会将整个项目划分为多个阶段，并明确每个阶段的施工目标和工作内容。施工管理人员会根据工程量、资源分配、前置和后置关系等要素，合理安排施工任务的顺序和时间。在制订施工计划时，他们会留出适当的缓冲和预留时间，以应对突发情况和变化。

再次，施工管理人员会与设计人员和业主进行密切沟通和协调。他们会与设计人员讨论施工可行性和效果，并提出建议和意见。施工管理人员还会与业主沟通和确认项目的时间要求和交付目标，以便将其纳入施工计划中。通过有效的沟通和协调，施工管理人员能够确保施工计划与设计和业主的要求相一致。

最后，施工管理人员会定期监督和跟踪施工进展，并根据实际情况进行调整。他们会对施工现场进行巡检和质量检查，及时发现和解决问题。施工管理人员还会借助项目管理工具和技术手段，如进度控制图、甘特图等，进行施工进度的跟踪和分析。通过全面的监督和调整，施工管理人员能够及时应对延误或变更，并使施工计划保持合理和有效。

（二）跟踪和监控施工进度

首先，施工管理人员会制订详细的施工进度计划。他们会根据项目的工期要求、施工任务和资源状况制定出合理的施工进度安排。在制订计划时，施工管理人员会充分考虑施工任务的先后关系、工程量和施工周期等要素，确保施工进度的合理性和可操作性。

其次，施工管理人员会定期与施工团队举行会议并听取汇报，了解施工进程中的各项工作完成情况。他们会与各个施工班组的负责人进行沟通，了解实际施工情况和遇到的难题。通过会议和汇报，施工管理人员能够及时获得施工进度的信息，发现问题并采取相应措施，以保证施工进度的顺利推进。

再次，施工管理人员会借助现代化的项目管理工具和技术，进行施工进度的实时监测和分析。他们可以采用进度控制图、甘特图、里程碑计划等工具，以可视化的方式展示项目的进度和任务完成情况。施工管理人员还可以利用项目管理软件，对施工进度进行追踪和细化分析。通过这些工具和技术的应用，施工管理人员能够全面掌握施工进度的动态，及时发现偏差和风险，并采取相应措施进行调整和控制。

最后，施工管理人员会及时与项目相关方进行沟通和协调。他们会与业主、设计人员、供应商等进行沟通，了解项目的变更和需求，并对施工进度进行相应的调整。施工管理人员还会与施工团队建立良好的合作关系，鼓励团队成员间的协作和沟通，以确保施工进度的顺利推进。

（三）调整施工计划和协调配合

首先，当施工中出现一些不可预见的情况或变化时，施工管理人员会及时响应并进行施工计划的调整。他们会与设计人员、业主和相关部门进行沟通，了解变化的原因和影响，并根据实际情况进行相应的调整。施工管理人员会重新评估施工任务的优先级和工期安排，确保新的施工计划能够适应变化，并尽量减少对项目进度的影响。

其次，施工管理人员在调整施工计划时会密切关注各个施工班组之间的配合。他们会与不同班组的负责人进行沟通，明确新的任务要求和目标，协调资源的分配和调整。施工管理人员会提供必要的指导和支持，确保施工人员理解和接受调整后的施工计划，并能够按时完成工作。同时，他们也会密切关注各个施工班组之间的工作进展，及时发现和解决可能影响整体施工进度的问题。

再次，施工管理人员会与相关方进行协调，确保施工过程中的各项工作能够顺利进行。他们会与供应商和设备租赁公司进行沟通，及时调整物资供应和设备租赁计划，以满足施工需要。施工管理人员还会与工程监理、安全检查人员等进行协调，确保施工过程中的质量控制和安全管理得到有效执行。通过有效的协调和配合，施工管理人员能够最大程度地减少施工过程中的延误和问题，并保障施工进度的稳定推进。

最后，施工管理人员会对施工过程中的调整和协调进行总结和评估，以便今后的工作中能更好地应对类似的情况。他们会记录下调整的原因、过程和效果，并总结出经验教训。通过不断总结和借鉴，施工管理人员能够提高应变能力和协调能力，为项目的顺利推进提供更好的保障。

三、协调人力资源和管理施工团队

（一）招募、培训和管理施工团队

首先，施工管理人员会了解项目的需求，并制订相应的招募计划。他们会根据项目需要确定所需人员的数量和职责。施工管理人员会在招募过程中注重候选人的专业背景、工作经验和技能。他们可以通过发布招聘广告、招聘网站、人才市场等渠道招募合适的施工人员。

其次，施工管理人员会进行必要的面试和评估，以筛选出最合适的候选人。在面试环节中，施工管理人员会与候选人深入交流，了解他们的经验、技能和工作态度。他们还可以根据职位的要求，组织技能测试或模拟施工场景，来评估候选人的实际能力和适应性。

再次，施工管理人员会对入职的施工人员进行必要的培训。他们会设计培训计划，将培训内容与项目需求相结合。培训的内容可以包括安全操作规程、施工流程、工艺要求等。施工管理人员可以邀请内部专家或外部培训机构提供专业培训，如安全技能培训、施工工艺培训等。通过定期组织培训，施工管理人员可以提升施工团队的专业技能和工作素质，确保施工质量和安全性。

最后，施工管理人员会监督和管理施工团队，确保他们按照要求和标准进行施工。他们会设立工作目标，并根据项目进度和要求进行工作分配和调整。施工管理人员会定期召开施工会议，与团队分享项目信息、反馈和沟通问题，以促进团队合作和解决施工中的挑战。同时，他们会对施工过程进行监督和检查，确保工作按计划进行，问题得到及时解决。

在整个招募、培训和管理过程中，施工管理人员应注重沟通和协作。他们应与团队保持密切联系，了解他们的需求和优化工作环境，从而提高团队的工作效率和工作满意度。此外，施工管理人员还应建立良好的激励机制和团队文化，鼓励团队成员的积极参与和共同成长，以推动施工团队的整体发展。

（二）协调不同专业施工班组的合作和配合

首先，施工管理人员会进行整体规划并明确各个专业施工班组之间的协作关系。他们会对项目进行分析和评估，确定各个专业施工班组的工作内容和工作顺序。在规划过程中，施工管理人员会考虑各个专业施工班组的依赖性和重叠性，以确保各个班组之间的合理协调和配合。

其次，施工管理人员会定期组织会议和协调会，解决施工过程中出现的问题和难题。他们会邀请各个专业施工班组的代表参加会议，共同讨论并提出解决方案。在会议中，施工管理人员会促进沟通和信息共享，以增进各个班组之间的理解和合作意识。通过集思广益，施工管理人员能够找到最佳的协作方式，提高施工效率和质量。

再次，施工管理人员会设立工作目标和时间表，并进行有效的任务分配和跟踪。他们会明确各个专业施工班组的工作职责和时间节点，确保各个班组之间的工作安排协调一致。施工管理人员会监督和检查各个班组的工作进展，发现问题及时解决，并采取措施调整工作计划，以确保项目的进度和质量要求得以满足。

最后，施工管理人员会促进团队合作和建立良好的工作氛围。他们会鼓励各个专业施工班组之间的互相支持和配合，建立团队共识并树立团队精神。施工管理人员可以组织团队活动和培训，增强团队成员的凝聚力和协作能力。他们还会重视团队成员的反馈和意见，及时解决问题、提供支持，以优化团队合作和施工进程。

（三）关注施工人员的安全和福利

首先，施工管理人员会制定并执行相应的安全管理措施，确保施工现场的安全环境。他们会对施工区域进行安全评估和风险分析，识别潜在的危险因素，并采取相应的措施进行防范和控制。施工管理人员会推行安全操作规程，如督促施工人员佩戴个人防护装备、设置防护设施、组织安全培训等。通过严格的安全管理，施工管理人员能够减少事故和伤害的发生，保障施工人员的人身安全。

其次，施工管理人员会关注施工人员的工作条件和福利待遇。他们会确保施工人员的工作场所符合相关法律法规和标准要求，如通风、照明、温度等。施工管理人员还会关注施工人员的劳动合同、工资支付、社会保险等福利待遇，确保施工人员的合法权益得到保护。此外，施工管理人员还会关注施工人员的心理健康，提供必要的心理支持和帮助，以确保施工人员能够健康、愉快地工作。

再次，施工管理人员会通过团队建设和培训提高施工人员的工作积极性和责任心。他们会重视团队文化的建立，鼓励施工人员共同进步、相互支持。施工管理人员还会组织技能培训和专业进修，提升施工人员的专业水平和技能。通过提供良好的发展机会和晋升途径，施工管理人员能够激励施工人员不断学习和进步，为工程项目的顺利进行做出贡献。

最后，施工管理人员会积极倾听和回应施工人员的意见和需求。他们会建立有效的沟通渠道，与施工人员保持密切联系，了解他们的工作体验和困难。施工管理人员会认真对待施工人员的反馈和建议，及时解决问题，并向相关部门反映施工人员的关切和需求。通过倾听施工人员的声音，施工管理人员能够改善工作环境、提高工作效率，增强施工人员的参与感和归属感。

四、注重项目安全管理

（一）建立和执行安全管理体系

首先，施工管理人员需要全面了解项目的施工环境和风险特点，进行风险评估和分析。他们会与专业的安全顾问团队合作，制定适应项目需求的安全操作规程和管理措施。这些规程和措施可包括工时限制、安全设备选用、施工工艺要求等，旨在最大限度地预防和降低施工过程中的安全风险。

其次，施工管理人员要确保安全管理体系的有效执行。他们会组织安全培训，向施工人员传授安全意识和知识，使其熟悉并遵循安全操作规程。此外，施工管理人员还会通过监督和检查，确保施工人员正确使用个人防护设备、按照规范操作等，以减少意外事件的发生。

再次，施工管理人员要建立健全的安全监控和反馈机制。他们会设置安全检查点，定期进行安全巡视和检查。如果发现任何安全隐患或问题，施工管理人员会立即采取纠正措施，并对相关人员进行必要的培训和指导。同时，施工管理人员会设立安全报告制度，要求施工人员及时上报各类安全事件和隐患，以便及时处理和跟踪。

最后，施工管理人员要持续改进和完善安全管理体系。他们会定期进行安全管理评估和审查，分析过去的安全数据和经验教训，并根据实际情况进行相应的调整和优化。此外，施工管理人员还会充分利用信息技术手段，如安全管理软件和传感器等，实现对施工场地的实时监测和预警，从而提高整体安全管理水平。

（二）定期组织安全教育培训

首先，施工管理人员会确定安全教育培训的内容和目标。他们会根据项目的特点和安全风险，确定培训的重点和重要性。例如，在高空作业的项目中，施工管理人员会注重培训施工人员的安全绳索使用和防坠落技巧；在化工厂建设项目中，施工管理人员会关注危险物质的处理和事故应急处置等。

其次，施工管理人员会邀请专业的安全培训机构或内部安全专家进行培训。他们会选择具有丰富经验和资质的培训师，确保培训内容的准确性和实用性。培训师将向施工人员传授相关的安全知识和技能，如安全操作规程、个人防护设备的使用、危险源辨识与排除等。培训形式可以包括理论讲座、案例分析、模拟演练等，通过多种形式提供丰富的学习体验。

再次，施工管理人员会设立培训计划，并定期组织安全教育培训活动。他们会根据施工进度和团队人数，制定培训时间表和安排，可以在项目启动前进行一次全员培训，以确保施工人员对项目的安全要求有清晰的认识；此后，定期组织更新培训，强化施工人员的安全责任意识和技能。

最后，施工管理人员会通过评估和反馈机制来检验和改进培训效果。他们会与培训师和施工人员进行沟通，了解培训的实际效果和施工人员的反馈意见。如果发现培训内容或形式需要改进，施工管理人员会及时进行调整和优化，以提高培训的质量和有效性。

（三）采取预防措施和应急处理

首先，施工管理人员会对施工现场的环境和设备进行检测和检查。他们会确保施工区域符合安全标准，如清理杂物、修复破损设施等。施工管理人员还会检查使用的设备和工具是否符合安全要求，并确保其正常运行和维护。

其次，施工管理人员会与施工团队共同推行安全操作和规范施工行为。他们会与施工人员进行沟通和培训，向他们传达安全意识和注意事项。同时，施工管理人员会制定并执行安全操作规程，确保施工人员遵守相关安全标准和操作流程，这包括使用适当的个人防护装备、遵守作业限制和安全距离、正确使用工具和设备等。

再次，施工管理人员会进行必要的检查和评估，以确保安全措施的有效性。他们会定期对施工现场进行巡视和检查，发现问题及时纠正。此外，施工管理人员还会进行安全风险评估和安全演练，以便提前识别潜在风险并做好相应的预防工作。

最后，如果发生意外事故，施工管理人员会立即启动应急处理程序。他们会确保施工人员的人身安全，并尽力减少人员伤亡和财产损失。同时，施工管理人员会迅速进行事故调查，找出事故的原因和责任方，并采取相应的改进措施，以避免类似事件再次发生。此外，施工管理人员还会与相关部门和保险公司合作，妥善处理事故赔偿和索赔事宜。

思考题

1. 为什么施工管理在土木工程项目中非常重要？
2. 你认为好的施工管理应该具备哪些特点？

模块二　施工合同与法律法规

项目一　施工合同的基本概念

施工合同是指建设单位与施工单位之间就工程建设事宜达成共识，明确各方的权利和义务所签署的合同。施工合同是土木工程项目中的重要法律文件，规定了合同双方的权益及履约的具体要求。

一、双方权利与义务

（一）建设单位的权利与义务

1.建设单位的权利

建设单位作为施工合同的一方，享有相应的权利。首先，建设单位有权要求施工单位按照合同约定进行工程建设，并提供符合质量要求的工程成果。他们可以对施工过程进行监督和检查，以确保施工符合设计要求和质量标准。建设单位还有权进行工程验收，确认工程项目是否符合合同约定的要求和标准。

其次，建设单位有权按合同约定支付施工款项。他们需要及时支付合同价款，确保施工单位能够按时获得工程款项，维持施工的持续进行。建设单位还有权要求施工单位提供施工过程中所需要的设计文件和信息，以便建设单位履行工程管理和监督的职责。

2.建设单位的义务

建设单位作为合同的一方，也有相应的义务。首先，建设单位有义务为施工单位提供合法合规的建设条件，包括提供施工用地、场地租赁或准入手续等，确保施工单位具备顺利进行工程施工所需的基础条件。建设单位还应提供准确、完整、及时的设计文件和信息，以支持施工单位的施工工作。

其次，建设单位需要与施工单位充分沟通和协调，参与必要的工程决策和问题解决。他们需要提供必要的技术支持和协助，确保工程能够按时进行和顺利完成。建设单位还有义务支付合同价款，为施工单位提供及时支付的保证，保障施工单位的合法权益。

（二）施工单位的权利与义务

1.施工单位的权利

施工单位作为合同的执行方，享有一定的权利。首先，施工单位有权要求建设单位提供合法合规的建设条件，包括提供施工场地、施工用电等基础设施和支持，以确保施工的正常进行。施工单位还有权按照合同约定合理安排施工进度和施工方法，以满足工程需求。

其次，施工单位有权接受建设单位的监督和指导。建设单位作为委托方，有权对施工进行必要的监督和管理，以确保工程质量和进度符合要求。施工单位应积极配合建设单位的监督工作，提供相关的工程文件和资料，并按照合同约定进行调整和改进。

2.施工单位的义务

施工单位也需要履行相应的义务。首先，施工单位须按照合同约定的工期和质量标准，按时完成工程建设任务。他们需要制订合理的计划，并合理分配资源，保证施工进度和质量。在施工过程中，施工单位需采取有效的措施，确保工程成果符合设计要求和相关规范。

其次，施工单位需参与工程的验收工作。他们需要提供符合质量要求的工程成果，并接受建设单位的验收。施工单位应积极配合验收工作，解答建设单位提出的问题，并尽快对不符合要求的部分进行整改。

此外，施工单位还需履行劳动保护、环境保护和安全管理等方面的义务。他们要确保施工现场的安全，为工人提供良好的劳动条件，遵守相关环境保护法规，并采取必要的措施减少对环境的影响。

（三）其他权利与义务

1.其他权利

施工合同中涉及的其他权利包括支付款项、变更管理等。合同约定了支付款项的方式和时间，确保施工单位能够按时获得应得的报酬。建设单位有义务按合同约定支付款项，而施工单位有权要求按时支付。同时，合同还约定了变更管理的方式，当工程变更时，双方需商议并达成一致，确保工程变更过程的合法合规。

2.其他义务

在施工合同中，双方也有其他的义务需要履行。一方面，双方都有义务履行合同约定的工程质量和工期要求。施工单位需要按照约定的质量标准进行施工，确保工程成果符合要求。同时，施工单位须按合同约定的工期完成项目，确保工程进度符合要求。

另一方面，双方有责任履行合同中约定的补偿费用和违约责任。当一方违约时，需要承担相应的责任，并按照约定补偿对方的损失。双方需根据合同的约定处理违约问题，保证合同的有效履行。

此外，合同还规定了争议解决的方式和程序。当发生合同履行过程中的争议时，双方应首先通过友好协商解决。如果无法协商解决，双方可以通过仲裁或诉讼等途径解决争议。

二、工程约定

（一）设计要求

1.建设单位的需求

施工合同中的设计要求首先基于建设单位的需求。建设单位根据工程项目的用途和功能，提出了相应的设计要求。例如，在住宅项目中，建设单位可能要求设计符合人居环境的舒适与安全需求；在商业项目中，建设单位可能要求设计能够吸引客户并提升用户体验。建设单位的需求是设计要求的重要依据，设计师要充分理解并尊重建设单位的意愿。

2.工程特点的考虑

设计要求还需要考虑工程项目的特点。不同类型的工程具有不同的特点，例如建筑工程、桥梁工程、隧道工程等。设计师需要针对特定的工程项目，充分了解其特点，并制定相应的设计要求。例如，在高耸建筑的设计中，设计师需要考虑结构稳定性和抗风能力；在桥梁工程的设计中，设计师需要考虑荷载承载能力和交通流量等因素。

3.美观与可持续性要求

设计要求还包括美观与可持续性方面的要求。建设单位可能对工程项目的外观和风格有特定要求，希望能够满足其审美需求。同时，设计要求还应考虑可持续性的因素，包括节能、环保和资源利用等方面的要求。在当今社会，可持续发展已经成为重要议题，因此设计师须尽力遵循可持续设计理念，为项目提供可持续性解决方案。

（二）施工进度

1.时间安排

施工合同中的施工进度要求在合同中明确了工程项目的时间安排。建设单位根据项目的规模和复杂程度，制订了相应的施工进度计划。这个计划包括了各个施工阶段的开始和结束时间，以及关键节点的达成时间。施工单位需要按照这个计划进行施工，并确保按时完成各个阶段的任务。

2.工期控制

施工进度的一个重要目的是控制工程项目的总工期。建设单位通常会给予施工单位一定的工期要求，施工单位需要确保在规定的工期内完成工程项目。他们需要制订合理的施工计划和安排，合理分配资源，采取有效的措施提高施工效率。工期控制，可以保证工程按时竣工，减少延期风险。

3.进展监控和调整

施工进度还需要进行监控和调整。施工单位需要实时查看施工进度，掌握工程项目的进展情况，如果发现进度偏差或工程延误，需要及时采取相应的措施进行调整。施工单位可以通过加大施工力量、调整施工顺序、增加工作班次等方式来弥补时间差距，并确保工程项目能够在规定的时间内完成。

（三）质量标准

1.质量要求的明确

施工合同中规定了工程项目的质量标准，建设单位明确了对工程质量的要求。这些要求可能基于国家或地方的建筑规范、行业标准及设计文件等。建设单位可能要求施工单位在施工过程中采用符合相关标准的材料、工艺和设备，以确保工程的质量。

2.相关规范和标准

质量标准通常基于相关规范和标准，如建筑结构设计规范、建筑材料测试标准等。这些规范和标准决定了工程质量的基本要求和测试方法。施工单位需要遵守这些规范和标准，使用符合要求的材料和工艺，确保工程项目的结构安全、功能完善和耐久可靠。

3.质量控制和验收

为了确保工程质量符合要求，施工单位需要建立有效的质量控制体系，并实施相应的质量管理和监督措施。这包括施工过程中的质量检查和试验，以及工程的最终验收。施工单位需要按照合同约定的要求进行工程质量控制，确保工程的各项指标符合质量标准。同时，在工程完成后，施工单位还需参与工程的验收工作，接受建设单位的评估和验收。

（四）施工方法与安全措施

1.施工方法的选择

建设单位在施工合同中可能会要求施工单位采用特定的施工方法。施工方法的选择应考虑工程项目的特点和要求，以及相关安全性、经济性和效率等因素。例如，对于高层建筑项目，建设单位可能要求采用塔式起重机进行施工，以确保施工过程的安全性和效率。施工单位必须严格按照合同约定的施工方法进行施工，确保施工过程顺利进行和工程质量的有效控制。

2.安全措施的实施

施工合同还规定了施工过程中的安全措施。这些措施旨在保障施工人员的安全，并降低施工过程中发生事故的风险。安全措施通常包括但不限于：现场安全管控，如设置警示标志和隔离措施；安全教育和培训，确保施工人员具备相关安全知识和技能；使用安全设备和防护工具，如安全帽、防护眼镜、安全带等。施工单位有责任制定并严格实施这些安全措施，保障施工过程的安全性。

3.施工现场管理

除了合同约定的施工方法和安全措施外，施工单位还需要进行现场管理，确保施工过程的顺利进行。施工现场管理包括但不限于：施工进度的控制和调整；施工资源的合理安排和调配；施工人员的协调和监督；材料和设备的质量控制等。有效的施工现场管理，可以提高施工效率，减少施工风险，确保工程的质量和进度。

三、合同履约与违约责任

（一）合同履约

1.工程进度的履约

施工合同规定了工程项目的工期，建设单位要求施工单位按时完成各个施工阶段的任务。施工单位需要编制详细的施工计划，合理安排施工进度，并采取必要的措施确保工期。在施工过程中，施工单位需要及时报告施工进展情况，与建设单位保持紧密的沟通和协调，共同解决可能影响工期的问题，确保工程按时竣工。

2.质量标准的履约

施工合同规定了工程项目的质量标准，建设单位要求施工单位按照合同约定的质量标准进行施工。施工单位需要在施工过程中严格控制质量，使用符合要求的材料和工艺，确保工程符合相关规范和标准。同时，施工单位需建立相应的质量控制体系，进行质量检查和试验，与建设单位一起进行工程的验收，确保工程的质量标准得到满足。

3.履行支付义务

施工合同约定了建设单位的支付义务，施工单位按照合同约定的方式和时间，提供符合设计要求和合同约定的工程成果。建设单位应按时支付合同约定的款项。施工单位需要及时提交工程进度和质量的相关证明文件，确保建设单位可以及时进行支付。同时，施工单位需与建设单位保持良好的沟通和协商，解决可能出现的款项支付的问题，以确保合同履约顺利进行。

（二）验收程序

1.现场检查和测量

验收程序的一部分是对工程项目进行现场检查和测量。建设单位会派遣验收人员前往工程现场，对已完成的施工部位进行仔细检查。验收人员会核实施工过程中的关键节点是否符合设计要求和合同约定，例如墙体垂直度、地面平整度等。此外，验收人员还可能需要进行测量，确保各个尺寸与设计图纸一致。

2.样品测试和材料审核

为了验证工程项目的质量，建设单位可能要求进行样品测试和材料审核。验收人员会从施工现场抽取相应的材料样本，送往专业实验室进行物理性能测试或化学成分分析。这些测试可以确保材料符合相关标准和规范要求。同时，验收人员还会审核施工单位提供的相关文件，包括供货商证明、材料检验报告等。

3.文件审核和验收证书

在验收程序的最后阶段，建设单位会对施工单位提交的相关文件进行审核。这些文件有助于验证工程项目的合法性和合规性，包括工程进度报告、施工记录、检查记录等。若工程项目达到合同约定的质量和技术要求，建设单位会签发验收证书或放行通知。该证书或通知作为工程项目完成的正式确认，表示双方认可工程的质量和技术标准。

施工合同约定了工程项目的验收程序和标准，确保工程的质量和技术达到约定的要求。通过现场检查、样品测试、文件审核等环节，建设单位可以对工程项目进行全面的评估和确认。若工程项目符合合同要求，建设单位将签发相应的验收证书或放行通知，表示工程项目的完成和双方的认可。这一验收程序是建设项目顺利交付使用的重要环节。

（三）违约责任

1.违约责任的种类

施工合同明确了违约责任的种类。根据合同条款，违约责任可能包括经济赔偿、返工修复、延期履行等。经济赔偿是最常见的违约责任方式，违约方需要向受损方支付合同约定的违约金或实际造成的损失。返工修复是指违约方必须重新进行工程施工，消除施工过程中存在的瑕疵和问题。延期履行则是违约方需要在约定的时间内履行合同义务，避免因违约造成的工期延误。

2.违约责任的处理方式

违约责任的处理方式依赖于合同条款的约定。一般来说，合同会规定违约责任权利的行使程序。受损方通常需要向违约方发出书面通知，要求其履行合同义务或承担相应的违约责任。如果违约方未能及时响应或无法履行，受损方可以采取进一步的法律手段，如仲裁、诉讼等，维护自己的权益。

3.合同约定的赔偿措施

除了经济赔偿、返工修复和延期履行之外，合同还可能约定其他的赔偿措施。这取决于合同的具体内容和项目的特点。例如，在建筑工程中，合同可能规定了质量保证期，违约方必须在此期限内承担由于工程质量问题引起的维修和保养责任。此外，合同也可能明确了索赔程序和争议解决机制，以便在发生纠纷时，双方能够协商解决或通过独立仲裁机构进行调解。

项目二 施工合同的类型

一、总承包合同

（一）工程施工和管理责任

1.施工分包单位的组织和管理

总承包商在总承包合同中承担着管理施工分包单位的责任。他们需要根据工程项目的需求，选择合适的分包单位，并与其签订分包合同。总承包商需要对分包单位进行组织和协调，确保各个分包单位之间的相互配合和合作。他们需要提供详细的施工文件和计划，对分包单位进行指导和监督，以确保工程项目按照设计要求进行。

2.施工计划和进度控制

总承包商在总承包合同中需要编制施工计划，并进行进度控制。他们需要根据工程项目的时间要求和施工难度，制定合理的施工进度。总承包商需要监督和协调各个分包单位的进度，并及时解决可能出现的延误和冲突。他们需要确保工程项目能够按时完成，并向建设单位及时报告工程进展情况。

3.施工组织和管理体系的建立

总承包商在总承包合同中需要建立施工组织和管理体系。他们需要制定相关的施工规范和标准，并确保各个分包单位按照这些规范和标准进行施工。总承包商需要对施工现场进行管理和监督，确保施工的安全和有序进行。他们还需要进行质量控制和验收，确保工程达到设计要求和合同约定的质量标准。

（二）与分包单位的协调合作

1.分包合同的签订和责任分配

总承包商在总承包合同中与各个分包单位签订分包合同，明确各自的责任和义务。通过分包合同，总承包商委托分包单位负责执行某个专业的施工任务。总承包商会提供详细的工程设计文件和技术要求，以便分包单位进行施工。通过合同的签订和责任的分配，总承包商和分包单位建立起合作的框架，确保工程项目能够按照计划进行。

2.施工进度和质量的协调一致

总承包商需要与分包单位协调施工进度和质量的一致性。他们需要与分包单位进行沟通和协商，确保各个施工工序的顺利进行，并按照工程计划进行调度。总承包商需要监控分包单位的施工进度，及时发现并解决可能出现的延误或冲突。同时，他们还需要对分包单位的施工质量进行监督和评估，确保各个分包单位的施工质量符合工程的要求。

3. 解决问题和冲突的协调处理

在工程施工过程中，总承包商和分包单位之间可能会出现问题和冲突。总承包商需要积极解决这些问题，确保工程项目的顺利进行。他们可以通过有效的沟通和协商，找到问题的解决方案，并与分包单位进行协调处理。总承包商可能需要做出调整或提供支持，以帮助分包单位克服问题并继续施工。通过及时的协调处理，总承包商可以确保工程项目的进展不受干扰，并实现合作的顺利进行。

（三）综合管理特点

1. 综合管理能力的要求

总承包商需要具备综合管理的能力，以有效地协调和管理工程项目。他们需要具备专业技术知识和管理技能，了解工程施工的各个环节和要点。同时，他们需要具备良好的沟通和协调能力，能够与不同的分包单位、设计师、监理等进行有效的合作和沟通。总承包商还需要具备项目管理的能力，能够制订详细的工程计划，并进行进度管理、成本控制和质量控制等方面的工作。

2. 综合管理的内容

综合管理涉及多个方面的工作，包括但不限于工程施工、质量控制、成本控制、进度管理和供应链管理等。工程施工是总承包商的主要责任，他们需要确保工程按照设计要求和合同约定进行施工。质量控制是保证工程质量的重要环节，总承包商需要建立质量管理体系，并进行质量检验和验收。成本控制涉及项目预算的编制和维护，总承包商需要有效地管理工程项目的成本，并进行费用控制。进度管理是确保工程按时完成的关键，总承包商需要制订详细的施工计划，并进行进度监控和调整。供应链管理涉及材料和设备供应的协调和管理，总承包商需要保证材料和设备的及时供应，并有效地管理供应链的稳定性。

3. 综合管理的目标和意义

综合管理的目标是确保工程项目按照计划进行，并达到预期的质量标准。通过综合管理，总承包商可以协调各个分包单位的工作，实现资源的最优配置和利用。综合管理的意义在于提高工程项目的效率和质量，确保工程的顺利进行。它能够规范工程项目的执行流程和工作方法，减少工程风险和错误，提高工程项目的可控性和可靠性。同时，综合管理还能够提升总承包商的竞争力和市场形象，促进行业的发展和进步。

二、分包合同

（一）分包任务委托

1. 分包任务的委托和范围

总承包商在分包合同中将工程项目的部分或多个专业的施工任务委托给专业的分包商进行执行。分包任务的范围可以涉及不同的工程领域，如土建工程、机电工程、装饰工程等。委托的具体任务取决于工程项目的需求，总承包商会根据工程项目的特点和要求选择合适的分包商，并与其签订分包合同，在合同中明确委托的任务范围。

2.分包合同的责任和义务

分包合同是总承包商与分包商之间的合同，明确了双方的责任和义务。总承包商需要向分包商提供详细的工程设计文件和技术要求，以确保分包商有足够的信息和指导进行施工。同时，总承包商还需要协调和管理分包商的工作，确保分包任务与其他工程环节的协调一致。分包商需要按照合同约定的要求进行施工，并保证施工质量符合工程项目的要求。

3.分包商的技术能力和经验要求

总承包商在选择分包商时，通常会考虑分包商的技术能力和经验。分包商需要具备相关领域的专业技术知识和施工经验，能够独立完成委托的施工任务。分包商还需要具备良好的管理和沟通能力，与总承包商和其他分包商保持良好的合作关系。总承包商可能会对分包商进行评估和审查，以确保分包商具备完成委托任务的能力和条件。

（二）分包商负责的范围

1.工程施工范围和任务

根据分包合同的约定，分包商负责执行特定的工程施工范围和任务。这可能涵盖建筑施工、机电安装、装饰装修、给排水工程等多个专业领域。分包商需要严格按照设计要求和技术标准进行施工，确保工程达到预期的质量水平。他们需要负责制定详细的施工方法和方案，选择合适的材料和设备，并组织施工人员进行施工作业。

2.劳动力、材料、设备和工具

分包商在履行分包合同时负责提供所需的劳动力、材料、设备和工具。他们需要根据施工需要，组织和调配合适的工人和技术人员。同时，他们也需要采购合格的材料和设备，并确保它们符合工程项目的要求。分包商还需要具备适用的施工工具和设备，以支持施工作业的顺利进行。

3.施工计划和质量控制

分包商需要制订详细的施工计划，并按时交付工程成果给总承包商。他们需要合理安排施工工序，控制施工时间和进度，确保工程项目按计划完成。分包商还需要建立质量控制体系，对施工工艺、材料和成品进行严格的检验和验收。他们需要确保工程质量符合相关的规范和标准，并及时处理可能出现的质量问题。

（三）履行分包合同的协调

1.合作安排和责任分配

总承包商和分包商需要共同制定合作安排，并明确各方的责任和义务。在分包合同中，双方需要详细规定分包任务的范围、施工进度要求、质量标准等。总承包商需要向分包商提供必要的设计文件和技术要求，以便分包商根据这些信息进行施工。同时，双方还需要明确沟通合作的方式和渠道，以确保信息交流畅通，问题能够及时得到解决。

2.监督和评估分包的施工进度和质量

总承包商需要对分包商的施工进度和质量进行监督和评估。他们需要建立有效的管理体系，跟踪和控制分包商的施工进展情况，并确保分包商按时交付符合要求的工程成果。总承包商可以通过项目会议、工作报告和现场巡视等方式收集和掌握分包商的施工信息，如果发现施工延误或质量问题，总承包商应及时采取相应的措施，促使分包商进行纠正和改进。

3.积极配合和解决问题

总承包商和分包商之间可能会遇到各种问题和挑战，在这种情况下，双方需要积极配合和共同解决。总承包商应设身处地地理解分包商的困难和需求，并提供必要的帮助和支持。双方应保持良好沟通，及时共享信息和交流意见。如果出现冲突或争议，双方应本着合作共赢的原则，通过协商和谈判寻求解决方案。重要的是，双方要保持积极的态度和开放的心态，共同促进工程项目的顺利进行。

三、联合承包合同

（一）合作优势和资源整合

1.各方的专业优势

联合承包合同的一个优势是各方都具备自己的专业优势。每个承包商在不同领域有着丰富的经验和专业知识，能够针对特定的工程任务提供独特的解决方案。通过联合承包合同，各方可以将自己的专业优势整合起来，互补彼此的不足，实现协同效应。这样可以为工程项目提供更全面、更专业的服务，确保工程的质量和进度。

2.资源的整合和共享

联合承包合同还可以实现各方资源的整合和共享。每个承包商都有独立的团队和资源，包括人员、设备、材料等。通过联合承包合同，各方可以将自己的资源进行整合，形成一个更强大的合作团队。这样可以有效地利用资源，避免重复投资，并提高资源的利用效率。同时，各方还可以共享彼此的资源，相互支持，促进项目的顺利进行。

3.协同效应和综合能力的提升

联合承包合同带来的另一个优势是协同效应和综合能力的提升。各方通过合作，可以相互学习和借鉴对方的经验和技术，不断提升自身的能力。协同效应使得团队的整体绩效优于各方独立行动的结果。各方的专业知识和经验相互融合，可以为工程项目提供更综合、更完善的解决方案。同时，联合承包合同还能够提高项目的灵活性和适应性，应对可能出现的变化和挑战。

（二）分工协作和任务分配

1.分工协作的决策

在联合承包合同中，分工协作是一项重要的决策。各方需要根据自身的专业能力和资源情况，共同商讨并决定任务的分配方式。这种决策应该基于各方的专长和经验，以确保每个承包商都能在其擅长的领域发挥最大的作用。相关人员通过良好的沟通和协商，可以制定出合理的任务分工方案，以实现协同效应。

2.合理的任务分配

任务分配需要根据工程项目的需求来进行合理规划。各方需要将工程项目拆分成可管理的任务单元，并根据各自的能力和资源分配到相应的承包商进行执行。这样可以确保每个任务得到专业人士的精确执行，从而提高工程项目的质量和效率。合理的任务分配还可以减少不必要的重复劳动，并避免资源冲突和浪费。

3. 密切的协作与沟通

分工协作和任务分配的关键在于密切的协作与沟通。各方需要建立有效的沟通机制和协作机制，确保信息的流通和问题的解决。协作可以包括定期的项目会议、工作报告和现场协调，以及实时的电话和在线沟通渠道。通过密切协作和持续沟通，各方可以充分了解对方的进展和需求，及时协调和解决问题，确保任务能够按时完成。

（三）风险共担和利益分享

1. 风险的共担

在联合承包合同中，各方需要共同承担工程项目的风险。这意味着如果在工程推进过程中出现不可预见的风险和问题，各方将共同面对并积极解决。例如，可能出现的物资短缺、意外事件、技术难题等，都是需要各方共同努力应对和克服的挑战。风险的共担，可以减少一方承担过多的风险，确保项目能够顺利进行。

2. 利益的分享

除了共同承担风险，各方还会分享项目的利益。根据合同约定，各方将按照约定的比例分享项目的收益和利润。这种利益的分享机制激励各方共同努力，促进协作和团队的合作精神。各方通过合作促成项目的成功，能够获得相应的经济回报，并推动企业的发展和壮大。这种利益分享也体现了公平和合理的原则，确保各方的权益得到合理的保护并取得回报。

3. 合作促成项目成功

风险共担和利益分享的合作模式鼓励各方共同合作，共同努力促成项目的成功。通过共同承担风险，各方能够形成团结协作的态势，在面临困难和挑战时共同寻找解决方案。同时，通过分享项目的利益，各方可以激发合作热情，共同努力实现更好的效益和业绩。这种合作模式强调了团队合作的重要性，鼓励各方共同努力，最终实现工程项目的成功。

总结来说，联合承包合同中的风险共担和利益分享机制使各方能够共同面对风险和挑战，并分享项目的利益。各方需要共同努力，共同合作，以促成项目的成功和利益的最大化。这种合作模式激励各方积极参与和贡献，推动工程项目的顺利进行。风险的共担和利益的分享，可以建立长期稳定的合作关系，促进各方的共同发展和获得共赢的结果。

四、物料供应合同

（一）材料供应和质量要求

1. 材料供应的责任

供应商在物料供应合同中承担向建设单位提供合格材料的责任。这意味着供应商需要按照合同约定，提供符合质量要求的材料。供应商应该了解建设单位对材料的需求，并根据这些需求提供相应的材料。他们需要确保所供应的材料符合相关法律法规和行业标准，并具有所要求的技术性能和质量标准。

2.材料质量的要求

建设单位在合同中会明确材料的质量要求。这些要求可以包括材料类型、规格、品牌等方面。供应商需要了解并遵守这些要求,以确保所供应的材料符合合同约定的质量标准。他们需要与可靠的供应商合作,采购符合规范的原材料,并进行严格的质量控制和检测。供应商还应建立质量管理体系和追溯机制,确保可追溯材料来源和质量。

3.材料的检验和评估

建设单位有权对供应的材料进行检验和评估,以确认其质量是否符合合同约定。这包括建设单位对材料进行外观检查、性能测试和抽样检验等。供应商应积极配合建设单位的检验活动,并提供必要的技术支持和文件资料。如果发现材料不合格或存在质量问题,供应商应负责返工或更换不合格的材料,以满足建设单位的要求。

总结来说,物料供应合同要求供应商向建设单位提供合格的材料,供应商要按照合同约定提供符合质量标准的材料,并确保其符合相关法律法规和行业标准。建设单位有权对材料进行检验和评估,确保材料质量符合合同约定。供应商需要与可靠的供应商合作,进行严格的质量控制和检测,并积极配合建设单位的检验活动。这样可以确保建设项目的材料质量达到预期要求。

(二)交货时间和数量保障

1.交货时间的约定

物料供应合同中必须明确所需材料的交货时间。建设单位会根据工程项目的进度和需求,在合同中规定材料交货的具体期限。供应商需要严格按照这个期限提供材料,确保按时交付到指定地点。供应商应根据合同约定的交货时间进行生产和采购安排,并加强物流管理,确保材料能够准时送达建设现场。

2.数量的保障

物料供应合同还会约定材料的供应量。建设单位会在合同中明确所需材料的数量和规格要求。供应商必须按照合同约定的数量供应材料,以满足建设单位的需求。供应商应充分了解建设单位的用量,并且做好库存管理和计划,确保能够及时供应足够数量的材料。此外,供应商还应与可靠的供应商合作,建立稳定的供应链,以确保可靠的材料供应。

3.材料的保护和质量稳定

供应商在交付材料的过程中,需要对材料进行必要的保护,以确保其完好性和质量稳定。这包括采取适当的包装和储存措施,防止材料在运输和存放过程中遭受破损或质量受到影响。供应商还应确保所供应的材料符合合同约定的质量标准,并配备合格的质检人员对材料进行质量验收。如果存在质量问题,供应商要及时处理并返工或更换不合格的材料,以确保建设单位获取合格的材料。

(三)违约责任和索赔机制

1.违约责任的约定

物料供应合同中会明确违约责任的约定。如果供应商未能按照合同约定的交货时间、交货数量或材料质量履行供应义务,建设单位有权要求供应商承担相应的违约责任。合同可能规定了违约金的数额，供应商需要根据约定支付违约金作为赔偿。此外，合同可能还规定了其他补救措施，如合同终止、索赔或退款等。

2.索赔机制的设立

如果建设单位在供应商提供的材料中发现质量问题，他们可以据此启动索赔程序。建设单位有权要求供应商进行替换、修复或赔偿等，以解决由于材料质量问题造成的损失。索赔程序通常需要合同双方进行沟通和协商，以确定解决方案和赔偿金额。供应商应积极配合建设单位的调查和评估，并按照协商结果履行相应的赔偿义务。

3.强化履约约束力

违约责任和索赔机制在物料供应合同中起到强化履约约束力的作用。约定明确的违约责任和索赔机制，可以迫使供应商履行合同义务并确保供应质量。供应商有动力遵守合同规定，以避免承担违约责任和面临索赔。同时，建设单位也有一种保护自身权益的机制，能够获得应有的补偿和赔偿。这样，建设单位与供应商之间的合作关系更加公平、稳定，并促进了合同履约和项目顺利进行。

项目三　施工法律法规与合规性要求

一、法律法规的遵守

（一）《中华人民共和国建筑法》的遵守

1.规划和设计要求

《中华人民共和国建筑法》规定了土木工程施工项目的规划和设计要求。施工单位在进行施工前，需要根据法律法规的要求进行项目规划，确保项目在合适的区域进行，并考虑周边环境和社会影响等因素。施工单位还需要按照《中华人民共和国建筑法》规定的标准和技术规范进行项目的设计，并确保设计方案符合相关安全、质量和环保要求。

2.施工过程的安全要求

《中华人民共和国建筑法》规定了施工过程中的安全要求。施工单位需要确保施工现场的安全设施配备齐全，包括安全防护网、工程围挡、警示牌等。同时，施工单位也需要针对具体施工过程制定安全操作规程，确保施工过程符合相关技术标准和安全要求。这样能够保障工人在施工过程中的人身安全，并降低事故风险。

3.质量和环保要求

《中华人民共和国建筑法》还规定了土木工程施工项目的质量和环保要求。施工单位需要按照相关标准和规定确保施工过程的质量，包括材料选用、工艺流程和施工技术等方面。同时，施工单位还需采取适当的环保措施，减少对周边环境的污染和破坏。这样能够保障项目建设过程符合质量标准，并保护环境资源的可持续利用。

（二）《中华人民共和国劳动法》的遵守

1.劳动合同的签订

《中华人民共和国劳动法》规定了劳动者与用工单位之间的权益关系和劳动合同的约定。

施工单位在雇佣劳动者时，需要依法与劳动者签订劳动合同，并在合同中明确双方的权益和责任。劳动合同是维护劳动者权益的重要保障，施工单位需要遵守合同约定，履行雇佣义务。

2.劳动者权益的保障

《中华人民共和国劳动法》要求施工单位保障劳动者的基本权益。施工单位应确保劳动者享有社会保险的权益，如养老保险、医疗保险、失业保险等。同时，施工单位也需要提供安全防护措施，保障劳动者在施工现场的人身安全。此外，施工单位还应确保劳动者获得合理的薪酬和福利待遇，并按照《中华人民共和国劳动法》规定的工资支付制度进行支付。

3.工时制度和休假制度

《中华人民共和国劳动法》规定了工时制度和休假制度，施工单位需要遵守相关要求。施工单位应确保劳动者的工时符合法定标准，不超过法定工时限制，并按照规定支付加班工资。同时，施工单位也应保障劳动者的休假权益，给予劳动者合理的休假机会和休假时间。

（三）《中华人民共和国安全生产法》的遵守

1.建立安全管理制度

《中华人民共和国安全生产法》要求施工单位建立完善的安全管理制度。施工单位需要制定详细的安全管理规章制度和操作规程，明确各级管理人员和工人的安全职责和义务。这包括制定安全操作规程、事故应急预案、安全培训计划等，以确保施工过程中的安全。

2.提供安全培训和个人防护用品

施工单位要注重为工人提供必要的安全培训和个人防护用品。他们应组织定期的安全培训，教授工人有关安全操作、事故防范和急救知识等。同时，施工单位也要提供适当的个人防护用品，如安全帽、安全鞋、防护服等，保障工人在施工现场的人身安全。

3.隐患排查和整改

施工单位要重视施工现场的安全隐患排查和整改工作。他们应定期对施工现场进行安全检查和巡视，及时发现和排除安全隐患。一旦发现安全隐患，施工单位应立即采取措施进行整改，并确保整改措施的有效性。这样能够及时消除施工现场的安全隐患，减少事故发生的可能性。

二、施工方案的制定

（一）根据项目需求和要求

1.项目规模和性质分析

施工单位在制定施工方案之前，需要对土木工程项目的规模和性质进行充分分析。他们需要了解项目涉及的建筑面积、工程量等，以确定所需的人员和资源配置。同时，施工单位还要了解项目的性质，是新建工程、维修工程还是改造工程，从而确定适用的施工技术和工艺。

2.进度要求考虑

施工单位还需要考虑土木工程项目的进度要求。他们需要根据项目计划和时间节点，合理安排工作进程，确保项目按时完成。这包括确定施工阶段的任务分配和进度控制，以及灵活调整施工方法和工序安排，以适应项目的进度要求。

3.技术要求的满足

施工单位还需详细了解土木工程项目的技术要求。他们需要研究项目的相关技术标准和规范，确保施工方案符合技术要求。施工单位应选择适当的施工方法和工艺流程，并要求施工人员严格遵循规范操作，以保证工程质量和安全。

（二）包括施工组织和施工方法

1.施工组织的安排

施工方案中应包括施工组织的安排。施工单位需要合理安排人员管理和工作分配，确保施工人员的专业素质和工作有效性。他们要根据项目需求和工作量，确定所需的施工人员数量和岗位职责，并建立相应的管理制度。同时，在施工过程中，施工单位还要加强协调沟通，建立顺畅的信息传递和沟通机制，以确保施工工作的协调性和高效性。

2.施工方法的选择

施工方案中还应涉及施工方法的选择。施工单位需根据项目的性质和技术要求，选择适当的施工方法和工艺流程。施工方法包括土方开挖、混凝土浇筑、钢结构安装等具体工序的安排。施工单位需要研究施工方法的可行性和效益性，并评估其在项目中的适用性。此外，施工单位还需考虑设备的选用和使用时间，确保施工工序的顺利进行。

3.施工过程的科学性和合理性

施工方案还要确保施工过程的科学性和合理性。施工单位需要详细规划每个施工工序的步骤和流程，确保施工顺序的正确和流程的连贯。他们还需考虑安全、质量和环保等方面的要求，在施工过程中采取相应的措施和技术手段，保障施工工序的质量和安全性。此外，施工方案还要对施工过程中可能遇到的风险和问题进行预测和应对措施的制定，以确保施工进度的顺利和项目的顺利进行。

（三）考虑安全措施和合规性

1.安全措施的考虑

在制定施工方案时，施工单位必须充分考虑安全措施。他们需要对施工现场进行全面的安全评估，识别可能存在的安全隐患，并采取相应的措施加以预防和控制。这包括建立健全的安全管理制度，对工人进行必要的安全培训，提供个人防护用品，并实施严格的安全操作规程。落实安全措施，可以最大程度地减少事故的发生，保障工人的人身安全。

2.合规性的保证

施工方案还必须符合相关的法律法规要求，以确保施工过程的合规性。施工单位需要了解和遵守土木工程相关的法律法规，如《中华人民共和国建筑法》《中华人民共和国劳动法》和《中华人民共和国安全生产法》等。施工方案应考虑这些法律法规的要求，包括用工合同的签订、工时制度的安排、休假制度的落实等。同时，施工单位也需与政府监管部门密切合作，接受必要的审核和监督，以确保施工方案的合规性和项目的顺利进行。

3.安全和合规性的可持续保障

在实施施工方案过程中，施工单位还需持续保障安全和合规性。他们应加强施工现场的安全监管和巡查，在发现安全隐患时及时采取措施进行整改。施工单位也需要与劳动者进行良好的沟通和协商，解决劳动纠纷，确保劳动者的权益得到保障。同时，施工单位要不断更新自身的法律法规知识，关注相关政策和标准的变化，保持合规性。

三、合规性的保证

（一）符合法律法规要求

1.遵守《中华人民共和国建筑法》的规定

施工单位在土木工程施工中需遵守《中华人民共和国建筑法》的规定。《中华人民共和国建筑法》对建筑项目的规划、设计、施工、验收等环节都有具体的要求。施工单位需要熟悉相关法规条款，确保施工过程符合法律法规的要求，如合法取得相关许可证件、按照建筑规范执行工程施工等。

2.符合《中华人民共和国劳动法》的要求

施工单位还须符合《中华人民共和国劳动法》的要求。《中华人民共和国劳动法》对工人的工时、休假、社会保险等方面有着明确规定。施工单位应合理安排工人的工作时间，确保工时制度不超过法定标准，并为工人提供必要的休息和休假。此外，施工单位还需落实劳动者的社会保险权益，如参保和缴纳社会保险费等。

3.遵循《中华人民共和国安全生产法》的规定

施工单位在土木工程施工中还需遵循《中华人民共和国安全生产法》的规定。《中华人民共和国安全生产法》对施工现场的安全管理、事故防控、应急预案等方面进行了详细规定。施工单位需要建立完善的安全管理制度，进行安全培训和事故应急演练，并及时排查和消除施工现场的安全隐患。

（二）加强监督和管理

1.配备专业管理人员

施工单位需要配备专业的管理人员，负责监督和管理施工过程。这些管理人员应具备丰富的施工经验和专业知识，熟悉相关法律法规和施工标准，能够有效组织和协调施工工作。他们要严格执行施工方案，确保施工过程的合规性和高效性。

2.配备技术人员

施工单位还需配备专业的技术人员，负责监督施工工艺和技术要求的合规性。这些技术人员应了解项目的技术要求，能够制定合理的施工方案并指导施工现场的操作。他们要及时解决施工中的技术问题，并与工人保持良好的沟通和协作，确保施工过程的科学性和质量。

3.配备安全人员

施工单位应配备专职或兼职的安全人员，负责施工现场的安全监督和管理。这些安全人员应受过相应的培训，掌握安全生产法规和安全管理的知识。他们要定期检查施工现场的安全设施和操作流程是否符合要求，发现安全隐患时及时采取措施进行整改，并做好安全记录和报告。

（三）保障安全生产、劳动者权益和环境保护

1.保障安全生产

施工单位在确保合规性的过程中，必须注重保障安全生产。他们应建立完善的安全管理制

度，并制定相关规程和操作流程，确保施工现场的安全。施工单位还应提供必要的安全培训，培养工人的安全意识和技能，同时配备适当的个人防护用品，确保工人在施工过程中的人身安全。

2. 保障劳动者权益

合规性还包括保障劳动者的合法权益。施工单位需遵守《中华人民共和国劳动法》的相关规定，合理安排工人的工作时间和休假制度，支付合法合规的工资福利，确保工人的劳动权益得到有效保障。施工单位应建立健全的劳动关系管理机制，与工人进行充分沟通和协商，妥善解决劳动纠纷，维护和谐稳定的劳动环境。

3. 环境保护的合规性

施工单位还应关注施工过程对环境的影响，确保环境保护的合规性。他们应制定环境保护措施和程序，采取相应的环境污染防治措施，避免环境的二次污染和损害。施工单位应积极推广清洁生产技术和可持续发展理念，减少资源消耗和废弃物产生，实现对环境的可持续保护。

思考题

1. 施工合同在土木工程项目中的作用是什么？
2. 你认为合同的签订应该注意哪些方面的问题？

模块三　工程项目计划与进度管理

项目一　项目计划编制与控制

一、合理编制项目计划

（一）任务分解

在项目管理中，任务分解是将整个项目分解成更小、更具体的任务和工作包的过程。任务分解有助于明确项目的工作范围和目标，并帮助项目组织者更好地规划资源、时间和风险管理。

首先，任务分解可以细化项目的工作范围和目标。逐步将项目目标分解为不同的任务和工作包，可以清晰地了解每个任务所需完成的具体工作。这有助于明确项目的范围边界，减少信息模糊和误解，确保项目成员对任务的理解一致。

其次，任务分解有助于确定任务之间的逻辑关系。任务分解可以确定哪些任务是必须按照先后顺序执行的，哪些任务是可以并行进行的，以及哪些任务是相互依赖的。这样，项目组织者就能够合理安排任务的顺序和优先级，避免资源冲突和延误。

再次，任务分解有助于有效规划资源和时间。任务分解可以识别出每个任务所需的资源，包括人力、物资、设备等。这样，项目组织者就可以合理规划和调配资源，确保在适当的时间内得到满足。另外，任务分解还有助于精确估计任务的工期和资源消耗，以便更准确地制订项目计划。

最后，任务分解有助于有效管理项目风险。将项目分解成较小的任务和工作包，可以更容易识别潜在的风险点和可能的问题。这样，项目组织者可以采取相应的风险管理策略和措施，及时应对潜在的风险，并确保项目进展顺利。

（二）工期安排

首先，合理的工期安排需要根据项目的目标和任务优先级来确定。项目组织者应该明确项目的关键目标和重要任务，然后根据任务的紧迫程度和重要性，进行工期的排序和安排。这样可以确保关键任务在合适的时间内完成，进而保证项目的整体顺利推进。

其次，工期安排还需要考虑任务之间的相互依赖关系。在制订中期计划时，项目组织者需要识别和分析任务之间的前后关系，即哪些任务需要在其他任务完成后才能开始。理清任务之间的依赖关系，可以避免资源的浪费和工作的重复，提高项目的工作效率。

再次，工期安排应考虑工作任务的可行性和资源的供给情况。项目组织者需要评估每个任务所需的资源量和资源的可获得性，以确保在中期计划中合理分配和利用资源。如果某个任务所需的资源有限，项目组织者可能需要调整工期安排，以避免资源瓶颈和影响项目进展。

最后，工期安排应预留适当的缓冲时间来应对延误或变更情况。由于项目执行过程中可能出现各种意外情况，如人员调动、材料供应延迟等，项目组织者应在工期计划中预留一定的缓冲时间。这样可以在出现延误或变更时，有足够的弹性来进行调整和应对，避免影响项目的整体进度。

（三）资源调度

首先，资源调度需要对项目所需的各种资源进行评估和规划。这包括人力资源、物资设备等多个方面。项目组织者需要明确项目需要的人员数量、技能要求及工作时间安排，以确保足够的人力资源支持项目的顺利进行。同时，项目组织者还需要评估和规划物资设备的需求，确保项目所需的材料、工具和设备能够按时供应。

其次，根据不同任务的资源需求，进行合理的资源调度。在制订项目计划时，项目组织者需要了解每个任务的资源需求，包括人力资源和物资设备。评估每个任务的资源需求量，可以根据资源的可获得性和优先级，合理安排资源的调度和分配。这有助于避免资源的浪费和冲突，提高项目的工作效率。

再次，资源调度要确保项目计划的可行性和资源的合理利用。在规划资源调度时，项目组织者需要综合考虑任务的优先级、工期要求和资源的可用性。合理配置资源的数量和时间，可以确保项目计划的可行性，避免资源的过度或不足，并提高资源的利用效率。此外，项目组织者还可以通过灵活调度和协调，应对临时变更和紧急需求，确保项目的顺利进行。

最后，资源调度还需要与风险管理和沟通管理相结合。风险管理是对项目中可能出现的风险进行识别、评估和应对的过程。在资源调度时，项目组织者需要考虑潜在的风险对资源调度的影响，制定相应的应对策略，降低风险带来的负面影响。沟通管理涉及与团队成员、利益相关者之间的有效沟通和协调。及时沟通和信息共享，可以减少资源调度中的摩擦和误解，增强团队的协作效果，确保资源的顺利调度和利用。

二、项目进度控制

（一）监督和分析项目进展

首先，项目进展监督需要定期收集、整理和分析项目的实际进展数据。项目组织者应设立合适的数据收集机制，包括收集工作报告、检查点结果、质量评估报告等。这样可以获取准确的实际进展数据，以便与计划进度进行比较和分析。

其次，项目进展监督需要将实际进展与计划进度进行对比。将实际进展与计划进度进行对比，可以清晰地了解项目的进展情况。如果实际进展与计划进度相符，说明项目正在按计划进行；如果存在偏差或延误，就需要仔细分析问题的原因，并采取相应的纠正措施。

再次，项目进展监督需要及时发现和解决偏差或延误的问题。对实际进展数据进行分析，可以识别项目中可能存在的偏差、延误或风险等问题。一旦发现问题，项目组织者应及时采取措施进行调整和解决，以防止问题进一步扩大和影响项目的整体进展。

最后，项目进展监督为后续的调整和决策提供参考。通过对项目进展的监督和分析，项目组织者可以深入了解项目的实际情况和潜在的风险。这些信息对于调整项目计划、重新分配资源和制定决策具有重要意义。通过准确的监督和分析，项目组织者可以做出更明智和有针对性的决策，以保证项目的进展并实现项目目标。

（二）调整和协调资源

1.重新分配人力资源

在项目进度出现偏差或延误时，项目组织者可以考虑重新调整人力资源的分配。这包括优化工作团队的配置、调整工作时间和岗位职责等。合理的人力资源分配，可以提高工作效率，加快项目的进度。同时，项目组织者还需要确保人员之间的沟通协调，以保持团队的工作动力和合作精神。

2.调整物资设备

另一个重要的资源是物资设备。如果项目进度受到物资设备供应的影响，项目组织者可以考虑重新评估物资需求并调整供应计划。这可能涉及与供应商进行有效的沟通和协商，确保物资按时交付并满足项目的需求。此外，项目组织者还需要在调整物资设备时考虑成本和质量因素，以实现进度加快和工作质量的平衡。

3.平衡进度与质量目标

在进行资源调配和协调时，项目组织者需要注意保持进度与质量目标之间的平衡，在压缩进度的同时，必须确保不会牺牲工作质量和项目的可持续发展。项目组织者可以通过优化工作流程、提高工作效率和培训团队成员等方式，平衡进度与质量目标，并确保项目的长期成功。

在资源调配和协调过程中，有效的沟通和协调起着至关重要的作用。项目组织者需要与团队成员、供应商和相关利益相关者进行密切的沟通，以确保资源的合理调整和协调。此外，项目组织者还需制订明确的工作计划和目标，确保每个团队成员都清楚自己的职责和任务，以促进整个团队的协作和协调。

（三）应对风险和不确定性

1.制订风险管理计划

在项目开始之前，施工单位应制订风险管理计划。这包括识别和评估可能出现的风险，确定相应的应对措施和责任人。系统性地识别潜在风险，可以提前制定预防措施和灵活应对方案，降低风险带来的影响。风险管理计划应定期审查和更新，以适应项目执行过程中不断变化的环境。

2.调整计划应对风险

当风险和不确定性导致项目进度偏差时，项目组织者需要灵活地调整计划并采取相应措施。这可能包括增加资源投入、调整工作顺序、重新分配工作任务等。灵活调整，可以缩短项目的执行时间，减轻风险的影响。此外，项目组织者还可以优先处理高风险任务，减少风险的扩大和进一步影响项目进展。

3.加强沟通和信息共享

在应对风险和不确定性时，充分的沟通和信息共享至关重要。项目组织者应保持与团队成员、利益相关者之间的密切沟通，及时分享风险信息和应对方案。这有助于提高团队的协作效果，加强对风险的认识和理解，并促进团队成员共同应对风险。此外，项目组织者与合作伙伴和供应商沟通，可以共同应对风险，提高整个项目的风险应对能力。

施工单位应事先制订风险管理计划，包括识别风险、制定预防措施和灵活应对方案。在实施过程中，项目组织者及时调整计划并采取相应措施应对风险和不确定性的影响。同时，加强沟通和信息共享，确保所有相关方对风险的认识和应对方案的理解。综合应对风险和不确定性，可以提升项目的执行效率和成功率，确保项目顺利进行。

三、风险管理和变更控制

（一）风险管理

1.识别风险

风险管理的第一步是识别可能出现的风险。施工单位需要仔细审查项目的各个方面，包括环境、技术、人员和外部因素等，以确定可能导致项目失败或影响项目目标实现的潜在风险。通过讨论会议、头脑风暴和专家咨询等方法，项目组织者可以收集到丰富的风险信息。

2.评估风险

在识别风险后，施工单位需要对每个风险进行评估分析。定性分析主要是对风险进行描述性分析，评估其概率和影响程度。定量分析则是利用数学和统计工具，对风险进行量化和建模，以确保更准确地评估风险的可能性和影响程度。通过评估风险，项目组织者可以对风险加以排序，并确定需要优先处理的重要风险。

3.规划和实施风险应对措施

根据评估结果，施工单位应制定相应的风险应对措施。这包括制定预防控制措施来减少风险发生的可能性，以及制定缓解控制措施来减轻风险发生后的影响。规划风险应对措施时，项目组织者需要明确责任人和时间表，并与团队成员和相关利益相关者进行充分的沟通和协商。实施风险应对措施后，项目组织者还需要监督和管理风险的控制过程，以确保措施的有效性和持续性。

（二）变更控制

1.识别变更

在项目执行过程中，施工单位应建立一个明确的变更管理制度，以便及时识别和记录可能出现的变更。项目团队需要仔细审查项目需求、目标和计划，与相关利益相关者进行沟通，收集到所有可能的变更需求。充分了解和明确变更的内容和目的，可以为后续的评估和决策提供准确的基础。

2.评估变更

一旦变更被识别出来，施工单位需要对其进行全面评估。评估变更需要综合考虑变更对项目目标、进度和质量的影响，并进行风险评估和成本效益分析。这可以帮助项目团队了解变更是否有助于项目的顺利实施，是否能带来额外的利益或增加潜在的风险。评估变更，可以为后续的决策提供科学依据。

3.决策变更

根据对变更的评估结果，施工单位需要进行决策。决策要考虑项目目标、优先级、可行性和风险等因素，权衡变更的利弊。在决策变更时，项目团队需要与相关利益相关者进行充分的沟通和协商，确保决策的合理性和可行性。决策结果应及时记录并传达给团队成员，以便后续的实施和调整。

4. 实施变更

一旦变更被决策通过，施工单位需要按照变更控制机制进行变更的实施。这包括相应的项目计划和资源分配的调整，并与团队成员进行充分的沟通和协作。同时，项目组织者还需要对变更的实施进行监督和管理，确保变更的有效性和顺利推进。在实施变更后，项目团队应及时更新项目文档、记录变更的过程和结果，以便后续的跟踪和审查。

（三）综合应对风险和变更

1. 及时识别和评估风险引发的变更

在风险管理过程中，施工单位需要及时识别和评估可能由风险引发的变更。这需要密切关注项目进展和风险的演变情况，并对风险的潜在影响进行评估。一旦识别出可能的风险引发的变更，施工单位应采取相应的措施，如重新评估风险、预留足够的应对资源，并及时调整项目计划和资源分配。

2. 考虑变更对风险的影响

在变更控制过程中，施工单位需要综合考虑变更对风险的影响。变更可能会带来新的风险或增加现有风险的概率和影响程度。因此，在决策变更时，施工单位应加强对风险的分析，并相应调整风险管理措施。这可以包括增加风险防范措施、优先处理高风险变更、重新分配资源等，以确保项目的稳定和目标的实现。

3. 关注潜在的风险因素

在变更过程中，施工单位还应密切关注潜在的风险因素，避免新的风险问题的发生。这可以通过加强沟通和协作、监督和管理变更的实施过程来实现。同时，项目团队应提前预测和处理可能出现的风险，并制定相应的风险应对方案。通过综合应对风险因素和变更，施工单位可以增强项目的稳定性和执行能力，确保项目顺利进行。

项目二　施工进度管理方法

一、网络计划法

（一）延迟管理

1. 建立合理的项目计划

延迟管理的第一步是建立合理且可行的项目计划。项目组织者应仔细分析和评估各项任务和活动，包括任务的先后关系、持续时间和资源需求等，确保计划的合理性和可执行性。计划中应明确工期和关键路径，以及各种任务的优先顺序和依赖关系。建立具体、详细的项目计划，可以提前发现潜在的延迟风险，减少延迟可能性。

2. 及时识别潜在的延迟风险

在项目执行过程中，项目组织者需要及时识别潜在的延迟风险，并制订相应的应对计划。

这可以通过定期进行项目进度和风险评估来实现。项目组织者应与团队成员和相关方进行持续的沟通和协作，了解任务的完成情况和潜在的延迟因素，及时采取措施防止延迟的发生。此外，项目组织者还可以利用先进的技术和工具，如项目管理软件，以帮助监测和控制项目进度。

3.协调资源调度

延迟管理还需要项目组织者与供应商、承包商等相关方保持密切沟通，协调资源的分配和调度。资源的合理调度是保证项目按计划进行的重要因素。项目组织者应与供应商和承包商进行充分的信息共享，及时沟通和解决可能影响项目进度的问题。此外，项目组织者还可以考虑合理增加资源投入，如增加人力、设备或材料供应量等，以缓解延迟风险。

（二）风险管理

1.识别风险

风险管理的第一步是识别潜在的风险。项目组织者可以通过专家咨询、历史数据分析、头脑风暴等方式收集信息，了解可能存在的技术、安全、质量、环境等方面的风险因素。对于不同类型的风险，项目组织者可以进行分类和优先级排序，以便后续的风险评估和应对措施制定。

2.评估风险

在识别风险后，项目组织者需要对每个风险进行评估。评估风险包括确定其可能性和影响程度。可能性指的是风险发生的概率，影响程度表示风险发生后对项目目标的影响程度。评估风险，可以为后续的风险管理措施制定提供依据，优先处理高概率和高影响的风险。

3.应对风险

根据风险评估结果，项目组织者需要制定相应的风险应对措施。风险应对可以采取多种策略，包括风险避免、减轻、转移和接受。风险避免是通过采取措施避免或减少风险的发生，如选择可靠的技术和方法、制定严格的安全标准等。风险减轻是通过减少风险的可能性或影响程度来降低风险的影响，如培训员工、加强监督等。风险转移是通过购买保险或签订合同等方式将风险转移给其他方。风险接受是对风险的存在进行认可，并有备用计划来应对不确定性。

（三）综合管理

1.建立完善的项目管理体系

综合管理的第一步是建立完善的项目管理体系。这包括确定项目的目标和要求，制订项目计划和进度安排，明确角色和责任，以及建立相应的管理流程和工作方法。建立规范和有序的管理体系，可以提高项目的组织性和执行效率。

2.科学有效的沟通与协调机制

综合管理还需要建立科学有效的沟通和协调机制。项目组织者应与团队成员、相关利益相关者和外部合作伙伴保持良好的沟通，及时传递信息和反馈，解决问题和协调资源。有效的沟通和协调可以促进团队成员之间的理解和配合，提高工作效率和保证项目执行的顺利进行。

3.学习和优化项目管理方法和工具

综合管理还需要项目组织者不断学习和优化项目管理方法和工具。随着科技的发展和社会的变迁，项目管理方法和工具也在不断更新和演进。项目组织者应关注最新的管理理论和实践，学习和应用项目管理的最佳实践，以提高管理水平和应对挑战的能力。同时，项目组织者还要不断进行回顾和评估，总结经验教训，优化管理方法和流程，以不断提高项目管理的效能。

二、里程碑法

（一）建立工作任务之间的逻辑关系

1.确定前置任务和后置任务

建立工作任务之间的逻辑关系的第一步是确定每个任务的前置任务和后置任务。前置任务是指其他任务完成后，当前任务才能开始的任务；后置任务则是指当前任务完成后，其他任务才能开始的任务。明确这些关系，可以建立起任务之间的依赖关系，确保项目进度能够按照合理的顺序进行。

2.建立依赖关系图

在确定了前置任务和后置任务后，项目组织者可以使用网络计划法来绘制依赖关系图。依赖关系图可以以图形化的方式展示任务之间的逻辑关系，清晰地呈现任务的先后次序和相互影响。通过依赖关系图，项目组织者可以直观地了解任务之间的依赖关系，从而更好地进行任务的安排和资源的分配。

3.避免不合理的任务安排和资源冲突

建立工作任务之间的逻辑关系有助于避免不合理的任务安排和资源冲突。明确任务之间的依赖关系，可以确保前置任务完成后再开始后置任务，避免任务间的等待和浪费。此外，逻辑关系的建立也有助于进行任务的时间估算和资源分配，提高工作效率和资源利用率。

（二）构建网络模型

1.任务表示和持续时间

在构建网络模型中，使用箭头来表示任务，并标注任务的持续时间。每个箭头代表一个任务，并指示任务的开始和完成节点。任务的持续时间可以根据实际情况进行估算，通常以天、周或月为单位。

2.确定逻辑关系和箭头方向

在连接任务之间的箭头时通常以各个任务的逻辑关系来规定箭头的方向。逻辑关系可以是先驱–后继关系，即某些任务必须在其他任务完成之后才能开始；或者是并行关系，表示多个任务可以同时进行。根据任务的逻辑关系确定箭头的方向有助于形成整个项目的网络模型。

3.计算时间和关键路径

在网络模型中，每个任务都会有对应的最早开始时间、最晚开始时间、最早完成时间和最晚完成时间。这些值是评估项目工期和关键路径的重要指标。计算任务的最早和最晚时间，可以确定项目的最早开始时间、最晚完成时间和总工期。关键路径是指由一系列相互依赖的任务组成的路径，其总持续时间小于或等于项目的工期，因此对关键路径上的任务的时长进行管理和控制是至关重要的。

（三）确定关键路径和优化工期

1.确定关键路径

关键路径是指具有最长工期的路径，它在整个项目网络模型中连接了一系列相互依赖的任务。计算每个任务的最早开始时间和最晚完成时间，可以确定项目的关键路径。关键路径上的任务对项目的工期有直接影响，延误其中任何一个任务都会延长整个项目的工期。

2.优化关键路径上的任务安排

为了缩短项目工期，项目组织者需要特别关注并优化关键路径上的任务安排。这可能包括调整任务的顺序，优化资源的分配，加快任务的完成进度等。合理的任务安排和资源管理，可以最大限度地减少关键路径上的延迟和浪费，提高整体工期的效率和执行速度。

3.资源与时间的平衡

在优化工期时，项目组织者需要注意资源与时间的平衡。过度压缩工期可能导致资源的过度投入，增加项目成本和风险。因此，项目组织者需要综合考虑资源可用性、任务执行的依赖关系和风险因素，合理建立工期目标，并制订相应的计划和策略。

三、甘特图法

（一）绘制甘特图

甘特图是一种直观的工具，可以帮助项目组织者清晰地了解施工项目的进度和任务安排。在绘制甘特图时，项目组织者需要将每个工作任务表示为水平条形，条形的起始点表示任务的开始时间，结束点表示任务的结束时间。将各个任务按照时间顺序排列，并根据任务的工期确定条形的长度，就可以形成一个明确的甘特图。

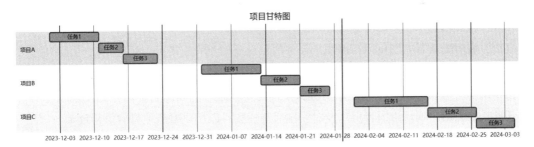

图 3-1　甘特图

以上是一个用 mermaid 语言绘制的甘特图，展示了三个不同项目的任务安排和工期。每个项目都有多个任务，按照时间顺序排列，并使用水平条形表示。条形的起始点表示任务的开始时间，结束点表示任务的结束时间。

在图中，项目 A 包括任务 1、任务 2 和任务 3，分别持续 10 天、5 天和 7 天。项目 B 包括任务 1、任务 2 和任务 3，分别持续 12 天、8 天和 6 天。项目 C 包括任务 1、任务 2 和任务 3，分别持续 15 天、10 天和 8 天。

通过甘特图，项目组织者可以直观地了解各个任务的开始和结束时间，以及任务间的先后关系。这有助于更好地进行任务安排和资源分配，并确保项目进度按计划进行。

（二）显示人物关系和重叠情况

首先，甘特图是一种直观的工具，可以帮助项目组织者清晰地了解任务之间的关系和重叠情况。将任务之间用箭头连接，我们可以明确表达任务之间的先后关系。箭头的起点指向前置任务，表示该任务必须在前置任务完成后才能开始。

其次，甘特图还可以展示任务之间的重叠情况。重叠指的是多个任务在时间上部分或完全重叠，即它们的执行时间有重合部分。在甘特图中，我们可以通过调整条形的位置和长度来反映任务之间的重叠程度。如果两个任务完全重叠，则它们的条形在时间轴上会完全重叠；如果两个任务部分重叠，则它们的条形会有部分重叠。

再次，任务之间的重叠情况可能会影响项目的进度和资源分配。如果多项任务在时间上完全重叠，可能需要额外的资源来同时执行这些任务，以确保项目的进度不受影响。如果任务之间存在重叠但未完全重叠，可能需要灵活调整任务的顺序或长度，以避免资源冲突和延误。

最后，对于复杂的项目，甘特图还可以显示更多的人物关系和重叠情况。除了显示任务的先后关系和重叠情况，甘特图还可以展示并行任务、循环关系、子任务等。这样的甘特图可以帮助项目组织者更好地理解整个项目的结构和关键路径，进一步优化任务安排和资源分配。

总结而言，甘特图不仅仅是一个展示任务开始时间和结束时间的工具，同时它也可以显示任务之间的关系和重叠情况。通过甘特图，项目组织者可以更好地管理项目进度和资源，并及时调整任务的安排以确保项目按计划进行。

（三）实时更新和调整

1. 实时更新

首先，实时更新甘特图可以帮助项目组织者及时了解项目的进展情况。通过对任务的实际完成情况和时间进度进行监控，项目组织者可以根据实际情况对甘特图进行动态更新。这样可以确保甘特图始终反映项目的最新进展情况，为项目组织者提供准确的信息和决策依据。

其次，实时更新甘特图可以帮助识别任务的延误或提前完成情况。通过比较实际完成时间和计划完成时间，项目组织者可以及时发现是否存在任务延误或提前完成的情况。如果任务延误，项目组织者可以立即采取相应的措施来解决延误问题，例如调整资源分配、加快进度等。如果任务提前完成，项目组织者可以及时安排后续任务，以优化整个项目的执行效率。

再次，实时更新甘特图可以帮助掌握项目的动态情况并及时做出调整。通过不断更新甘特图，项目组织者可以了解各个任务的当前状态及项目整体的进展情况。这有助于发现潜在的问题和风险，并在早期采取相应的措施进行调整和优化。例如，在发现某个任务延误时，项目组织者可以及时调整任务的优先级、资源的分配等，以确保项目能够按时完成。

最后，实时更新甘特图需要项目组织者与团队成员保持密切沟通。项目组织者需要及时收集任务进展的信息，并将其反映到甘特图上。团队成员也需要及时报告任务的实际完成情况和时间进度，以确保甘特图的准确性和实时性。有效的沟通和协作，才能确保甘特图的实时更新和项目的顺利进行。

通过对任务的实际完成情况和时间进度进行监控，并及时反映到甘特图上，项目组织者可以及时了解项目的进展情况，识别延误或提前完成的任务，并及时做出调整。这有助于优化项目的执行进度和资源分配，确保项目能够按计划顺利进行。

2.动态调整

首先，动态调整甘特图是在项目进行过程中对任务和资源进行灵活调整的重要措施之一。当项目进度与计划进度存在差异时，项目组织者需要及时采取行动来确保项目的顺利进行。这通常涉及对任务的开始时间和结束时间进行调整，以反映实际完成情况。

其次，任务延误是项目管理中常见的问题之一。当发现有任务延误时，项目组织者应该分析延误的原因，并采取相应的措施来调整甘特图以适应新的进展情况。这可能包括重新安排任务的优先级、增加资源投入、增加工作时间等。对甘特图的动态调整，可以协调整个项目的进度，并尽量减少任务延误对整个项目造成的影响。

再次，任务的提前完成也需要进行相应的调整。当某个任务提前完成时，项目组织者可以考虑安排后续任务提前开始，从而提高项目的执行效率。项目组织者可以通过调整甘特图中相关任务的开始时间和资源分配，使任务之间的关系和依赖得到合理的安排。这样可以最大程度地利用提前完成的任务带来的时间优势，确保项目能够按时完成。

第四，动态调整甘特图还可以解决资源冲突的问题。如果发现多个任务需要使用同一资源且存在时间上的重叠，项目组织者可以通过调整相关任务的时间和资源分配，以避免资源冲突。这可以通过对甘特图进行适当的调整来实现，确保资源得到合理和有效利用。

最后，动态调整甘特图需要项目组织者与团队成员之间的紧密合作和沟通。项目组织者需要及时收集任务进展的信息，并与团队成员共享和讨论甘特图的调整方案。团队成员也应积极报告任务的实际完成情况和问题，以便项目组织者能够做出更准确和及时的甘特图调整。

3.解决问题并保持顺利进行

首先，实时更新和动态调整甘特图可以帮助项目组织者及时发现和解决项目中的问题。当项目进度与计划进度存在差异时，通过实时更新甘特图，项目组织者可以及时了解任务的完成情况和时间进度，从而发现延误或提前完成的任务。这样就能够及时采取措施解决问题，保持项目的顺利进行。

其次，如果发现任务延误，项目组织者可以采取一系列措施来缩短工期。例如，可以加快任务的执行速度，增加相关资源的投入，或者调整任务的优先级等。灵活调整甘特图，重新安排任务的开始时间和结束时间，可以最大程度地减少任务延误对整个项目进度的影响，以确保项目能够按时交付。

再次，如果任务提前完成，项目组织者可以优化资源的安排和任务的顺序，以进一步提高项目的效率。调整甘特图，可以提前开始后续任务或者利用提前完成的时间段进行其他重要工作。这样可以充分利用项目执行过程中的提前完成的机会，进一步提高项目的整体执行效率。

第四，实时更新和动态调整甘特图还可以帮助项目组织者更好地分配和管理资源。当多项任务存在重叠的情况时，项目组织者可以通过调整任务的时间和资源分配，避免资源冲突和浪费。在甘特图中清晰显示任务的时间轴和资源需求，可以帮助项目组织者进行合理的资源分配和决策，实现最佳资源利用和最高效的项目执行。

最后，在解决问题和保持项目顺利进行的过程中，及时沟通和协作扮演着重要的角色。项目组织者需要与团队成员密切合作，共享实时更新的信息，并及时商讨解决方案。有效的沟通和协作，可以更好地应对项目中出现的问题，找到最合适的解决办法，并确保项目能够继续顺利进行。

项目三　延迟和风险管理

一、延迟管理

（一）制订合理的施工计划

1.仔细分析和评估任务

制订合理的施工计划需要进行仔细的任务分析和评估。项目组织者需要逐个任务考虑其所需的时间、资源和人力，并评估任务间的依赖关系。这样可以确保确定每个任务的执行顺序和时间要求，从而使整个项目的进度安排更加准确和可行。

2.考虑资源的可用性

在制订施工计划时，项目组织者还必须考虑到当前可用的资源。这包括材料、设备和人力资源等。如果某个任务所需的资源目前不可用或供应不足，就有可能导致延误。因此，项目组织者应与相关方进行充分沟通，以确保所需资源能够按时提供，从而在施工计划中预留足够的时间。

3.考虑不可控因素

制订合理的施工计划还需要考虑可能出现的不可控因素，如天气条件、政策变化等。项目组织者应对这些因素进行风险评估，并在计划中合理地考虑它们的可能影响。例如，如果项目中的某个任务在恶劣天气条件下无法进行，项目组织者可以提前制定替代方案或调整计划顺序，以减少延误的影响。

制订合理的施工计划需要仔细分析和评估任务，考虑资源的可用性，并合理考虑不可控因素。通过这样的制定和规划，项目组织者可以最大程度地减少延误的风险，并确保项目能够按时高质量完成。

（二）实时更新甘特图

1.提供实时任务进展情况

通过实时更新甘特图，项目组织者可以清晰地了解当前任务的进展情况。每个任务的起止日期、完成百分比等信息都可以在甘特图中得到反映。这样，项目组织者可以直观地看到任务是否按计划进行，并及时发现任何潜在的延误问题。

2.识别潜在的延误风险

通过对甘特图的实时更新，项目组织者可以更容易地识别潜在的延误风险。当某个任务的进展落后于计划时，即可在甘特图上看到时间延迟的状况。这样的可视化效果可以帮助项目组织者及时警觉并采取相应的措施，以防止延误问题进一步扩大。

3.基于更新的决策和行动

实时更新的甘特图为项目组织者提供了合理决策和行动的依据。当发现潜在的延误时，项目组织者可以根据甘特图的信息重新评估资源分配、任务顺序或采用其他加速措施。这样可以快速响应并最大程度地缩短延误时间，确保项目能按时顺利完成。

（三）与承包商和供应商的合作

1.建立有效沟通渠道：与承包商和供应商建立良好的合作关系需要建立有效的沟通渠道。项目组织者应与承包商和供应商保持定期的沟通，共享项目的目标、计划和要求，以确保双方对项目的理解一致。频繁的沟通，可以及时共享任何可能影响进展的问题或变化，并协商制定解决方案。

2.共享信息和反馈：与承包商和供应商共享当前项目的最新信息是减少延误的关键。项目组织者应向承包商和供应商提供及时的任务更新和进展情况信息，让他们了解项目的状态并做出相应的调整。同时，承包商和供应商也应向项目组织者提供实际施工和供货情况的反馈，以便能够及时发现潜在的延误问题并采取预防措施。

3.提前解决问题和增加资源投入：为了减少延误，项目组织者应与承包商和供应商密切合作，提前解决可能影响项目进展的潜在问题。例如，根据实际需求，提前采购关键材料，确保其可用性。此外，如果项目任务在预计时间内无法完成，项目组织者还可以增加资源投入，例如增派工人或增加设备数量，以加快施工进程。

二、风险管理

（一）全面风险评估和分析

1.风险识别

全面的风险评估和分析需要对项目中可能出现的各种风险进行识别。这包括内部和外部的潜在风险，如技术风险、供应链风险、人力资源风险、环境风险等。项目组织者应通过调研、经验分享和专家咨询等方式，收集并整理这些可能的风险。

2.风险评估

在识别风险后，项目组织者需要对每个风险进行评估。这包括评估风险的可能性和影响程度。可能性评估基于概率和历史数据，评估该风险发生的可能性。影响程度评估则考虑到风险发生时对项目目标、进展和资源的影响程度。综合考虑这些因素，可以对风险进行优先级排序，以便更加重要和紧急的风险能得到更多关注。

3.管理策略制定

全面的风险评估为项目组织者制定管理策略提供了依据。根据风险的重要性和优先级，他们可以确定适当的应对措施。这可能包括规避风险、减轻风险、转移风险或接受风险等策略。同时，项目组织者还可以制订监测计划和应急预案，以及建立有效的沟通和反馈机制，以便在风险发生时能够及时采取措施来最小化潜在影响。

（二）制定风险管理策略

1.风险避免

对于高风险和可能造成严重影响的风险，项目组织者可以选择避免这些风险。这意味着在项目计划和执行阶段采取措施，以确保这些风险不会发生。例如，如果某个供应商存在潜在的供货困难风险，项目组织者可以寻找备选供应商或提前采购足够的物资，以避免供应链中断问题。

2.风险减轻

在某些情况下，无法完全避免风险的发生，但可以采取措施来减轻其影响。这包括通过改善流程、操作规范和使用可靠的技术等方式减少风险发生的概率。例如，在一个地震风险较高的区域进行土木工程项目时，项目组织者可以采用抗震设计和加固措施来减少地震对建筑结构造成的影响。

3.风险转移

在某些情况下，项目组织者可以将部分或全部风险转移给其他方。例如，通过合同中的风险分担条款，项目组织者可以将某些风险转移给承包商或保险公司。这样可以减少项目组织者自身承担的风险，并确保在风险发生时能够得到适当的赔偿。

4.风险接受

对于一些风险，即使采取了所有可行的措施，仍然无法完全消除或减轻其影响。在这种情况下，项目组织者可以选择接受这些风险。然而，这并不意味着忽视风险，而是通过制定应急预案和灵活调整计划来最小化可能的影响。同时，项目组织者也需要定期监测和评估风险的变化情况，以及根据需要进行调整和应对。

（三）加强监督和提供培训与资源支持

1.加强监督

对于高风险的任务或活动，项目组织者可以加强对项目的监督。这包括定期检查和评估任务的进展情况，确保它们按照计划进行，并达到预期的质量标准。加强监督，可以及时发现潜在的延误或问题，并采取相应的纠正措施，以避免可能导致的延误的风险。

2.提供培训

为了提高项目团队的能力和应对风险的能力，项目组织者可以提供各种培训课程和工作坊。这可以涵盖技术培训、安全培训、资源管理培训等，以帮助团队成员掌握必要的知识和技能，以应对项目中可能出现的风险。提供培训，可以增加团队成员的自信心和专业素养，使其更有能力解决问题和应对风险。

3.提供资源支持

为了减少风险的发生概率，项目组织者可以提供额外的资源支持。这可能包括增加人力资源、提升设备和技术设施的能力，以及提前采购和储备项目所需的关键材料。提供充足的资源支持，可以为项目团队提供更好的工作条件和支持，减少可能的延误和风险发生的概率。

三、延迟和风险管理的案例分析

（一）重新评估和优化施工计划

1.重新评估任务顺序

在面临施工资源不足或其他限制情况时，项目组织者可以重新评估施工计划中的任务顺序。重新安排任务的顺序，可以使得资源的利用更加高效，并减少可能因为资源不足而导致的延迟风险。优先处理关键任务，确保其能够按时完成，同时对一些相对灵活的任务进行调整，以适应实际的资源情况。

2. 合理分配资源

资源的不足可能是导致项目延迟的主要原因之一。为了应对这个风险，项目组织者可以重新评估和优化施工计划中的资源分配。他们可以根据任务的优先级和资源的可用性，合理调配人力、物资和设备资源，以确保关键任务得到充分的支持和保障。此外，项目组织者也可以考虑与供应商和承包商合作，共享资源并互相支持，以帮助项目按时进行。

3. 预留缓冲时间

在重新评估和优化施工计划时，项目组织者应考虑到不可控因素，如天气变化、设备故障等。为应对这些不可预见的情况，他们可以在施工计划中留出一定的缓冲时间。这样，即使面临一些意外情况，他们仍有余地来弥补可能的延迟，并确保项目能够按时完成。预留缓冲时间，可以有效降低风险，并提高项目的灵活性和应对能力。

（二）沟通和共享风险信息

1. 建立良好的沟通渠道

项目组织者应建立起与承包商、供应商及其他相关方之间的良好沟通渠道。这可以通过定期会议、视频会议、电子邮件和即时通信工具等方式实现，确保各方能够及时沟通并分享风险信息，从而保持对项目进展和可能风险的共同认识。

2. 共享最新的风险信息

项目组织者需要定期与相关方共享最新的风险信息。这包括延迟风险、资源不足、天气影响等。将风险信息与相应的解决方案共享给各方，可以帮助大家了解当前项目所面临的困难，并共同寻找解决办法和调整计划。

3. 协同应对挑战

项目组织者与相关方之间的沟通不仅仅是传递风险信息，还应着重于协同努力来应对可能的挑战。他们可以共同讨论并制定针对延迟和其他风险的解决方案，如增加资源、调整工作进度、探索替代方案等，通过共同努力，可以提高应对风险的能力，减少延迟的可能性，并确保项目能够按时完成。

（三）采取额外措施减轻风险

1. 提前采购关键材料

项目组织者可以提前采购和储备项目所需的关键材料，这样可以减少供应链中断的风险，避免由于物资不足而导致的施工延误。提前采购关键材料，可以确保项目在需要时能够及时获得所需资源，并按计划进行。

2. 预先部署设备

为了加快施工进程，项目组织者可以提前部署所需的设备。这可以包括重型机械、工具和仪器等。提前部署设备，可以避免设备供应不足或设备故障导致的延误风险，确保足够的设备资源可用，有助于项目按时进行，提高工作效率和施工质量。

3. 增加劳动力

在面临延期风险时，项目组织者可以考虑增加劳动力。增加合适数量的人力资源，可以提高工作速度和效率，帮助项目尽快完成。这可能涉及雇佣临时工或与合作伙伴协商并派遣额外的人员。增加劳动力，可以缩短施工时间，并减轻延期风险对项目的影响。

思考题

1. 项目计划和进度管理在土木工程项目中的作用是什么？

2. 你认为如何有效地管理项目的延迟和风险？

模块四　资源管理与供应链

项目一　施工资源管理

一、物料和设备管理

（一）物料采购和库存管理

1.物料采购

项目组织者需要根据项目需求制定物料清单，并与供应商进行合作，确保物料的及时供应。首先，项目组织者应仔细分析项目需要的各种物料，并根据不同物料的特性和用途确定物料的规格和数量。其次，项目组织者可以与多家供应商建立合作关系，进行供应商评估和选择，以确保物料的质量和价格符合要求。在与供应商协商采购合同时，项目组织者应明确交付时间、支付方式及售后服务等具体条款。

2.库存管理

针对不同物料的使用频率和特性，项目组织者需要建立合理的库存管理机制，以避免物资短缺或过剩的情况。首先，项目组织者根据项目的进度计划和需求预测，确定所需物料的库存量和补充周期。对于常用且较稳定的物料，可以建立固定的库存储备；而对于需求波动较大的物料，可以根据需求情况制定可调整的库存策略。其次，项目组织者可以借助信息化系统，对库存物料进行实时监控和管理，以便及时补充和调整库存。此外，项目组织者定期进行库存盘点和物料质量检查，确保库存的准确性和物料的质量符合标准。

3.物料质量管理

对于所采购的物料，项目组织者应进行严格的质量把控和验收。首先，项目组织者应与供应商进行有效沟通，明确物料的质量要求和标准。在采购物料时，项目组织者可以要求供应商提供相关的质量证明和检测报告，确保物料符合相关的国家标准和行业标准。其次，项目组织者可以通过物料的抽样检测和示范验收等方式，验证物料的质量和性能是否满足项目要求。对于质量不合格的物料，项目组织者应与供应商协商解决方案，如退换货或追责等。严格的质量管理，可以确保所采购的物料质量可控，提高项目的质量和安全性。

（二）设备日常维护和保养

1.建立日常维护计划

项目组织者应根据设备的类型和性能特点，制订相应的日常维护计划。该计划应包括定期检查、清洁和润滑等维护措施，以确保设备的正常运行。比如，对于重型机械设备，可以定期检查设备的润滑系统、传动系统和电气系统，清除积尘和杂物，并进行必要的润滑和紧固工作。而对于工具和仪器类设备，可以定期校验和标定，保证其准确性和可靠性。

2.及时维修和更换部件

在日常使用中，设备可能出现部件损坏或老化的情况。项目组织者应建立及时维修和更换部件的机制，以防止设备故障和停工。及时发现设备故障后，项目组织者需要立即进行维修或更换损坏的部件，以恢复设备的正常功能。此外，根据设备的使用寿命和技术规定，项目组织者合理安排设备部件的更换周期，以延长设备的使用寿命和维持设备的高效运行。

3.培训和意识培养

为了确保设备的正常维护和保养，项目组织者需要进行员工培训和意识培养。培训可以涵盖设备的操作规程和基本维护知识，使员工能够正确使用设备和有效进行日常维护。此外，通过定期开展安全生产教育和设备维护意识的宣传活动，提高员工对设备维护的重要性和方法的认识。良好的设备维护和保养意识将促进员工主动关注设备的状态，并及时报告问题或采取相应的措施，从而降低设备故障和停工的风险。

（三）设备更新和升级

1.关注新技术和设备的发展

项目组织者应密切关注新技术和设备的发展趋势，及时了解行业内的最新进展，可以通过参加行业展会、与供应商和专家交流等方式获取相关信息，了解新技术和设备的优势和适用范围，以及其在施工中的应用效果和前景。这有助于项目组织者及时抓住时机，对现有设备进行更新和升级，提高项目的竞争力和施工效率。

2.设备更新和替换

项目组织者可以根据项目的具体需求和资源情况，决定是否进行设备的更新和替换。当现有设备性能已经无法满足项目需求或者使用寿命较短时，考虑采购新型设备进行更新。新型设备具有更高的效率、更低的能耗，且具备更多功能和智能化特点，能够提升施工的质量和效率。设备的定期更新和替换，可以保持项目在设备技术上的领先优势，提高施工效率和竞争力。

3.引进新的施工方法和工艺

除了设备的更新和升级，项目组织者还可以引进新的施工方法和工艺，通过学习和借鉴其他项目或行业的成功经验，了解并尝试运用新的施工方法和工艺，可以为项目带来创新和效益的提升。比如，采用模块化施工、BIM技术或机器人作业等，可使施工过程更高效、更安全，并提供更精准的施工结果。通过不断引进新施工方法和工艺，项目组织者可以更好地满足客户需求，并在市场竞争中占据优势地位。

二、财务资源管理

（一）预算和成本控制

1.制定合理预算

在项目启动阶段，项目组织者需要制订合理的预算计划。这包括对项目所需人力、物料、设备和外包等方面的费用进行充分评估和估算，考虑到项目的规模、复杂性和风险因素，制定出符合实际情况的预算。预算应该具备合理性、透明度和可操作性，能够明确项目各个方面的支出和分配方式。

2.控制预算执行

一旦预算制定完毕，项目组织者需要建立有效的成本控制机制。这包括跟踪和监测项目的实际成本，及时发现和解决可能出现的成本超支或异常情况，可以采用预算执行报告、定期财务审查等方式，对预算执行情况进行评估和调整。当预算与实际情况出现偏差时，项目组织者需要制定相应的措施和调整方案，确保预算的有效执行和控制范围内的成本支出。

3.提高资金利用效率

通过预算的制定和成本控制，项目组织者可以提高资金的利用效率。合理分配和利用财务资源，优化资源配置、供应链管理和运营成本等，以确保资金得到最大程度的使用效益。此外，建立与供应商和合作伙伴的良好合作关系，进行有效沟通和协调，寻找节约成本的机会和方式，进一步提高项目资金的利用效率。

（二）财务风险评估和管理

1.财务风险评估

项目组织者需要对项目中可能面临的财务风险进行评估。这包括识别潜在的风险因素，比如资金短缺、成本超支、支付延迟等。项目组织者通过对项目的整体规模、复杂性和风险因素的分析，确定可能出现的财务风险，并对其影响进行评估。这将帮助项目组织者理解财务风险的性质和程度，有针对性地采取相应的管理措施。

2.应对财务风险

一旦财务风险被识别，项目组织者需要制定相应的应对措施。这包括建立紧急资金储备，以备不时之需；与供应商和承包商签署合理的付款协议，确保按时支付并避免可能的费用递增；制订应急计划，应对突发财务风险事件等。通过制定有效的应对策略，项目组织者可以降低财务风险对项目的影响，并保证项目的顺利进行。

3.监测和管理财务风险

财务风险监测和管理是贯穿整个项目实施过程的重要工作。项目组织者需要设立财务监测机制，跟踪和监控项目财务数据，及时发现和解决潜在的财务风险问题。例如，定期审查项目的预算执行情况，核对实际成本和支出，识别成本超支或资金紧缺的迹象。同时，项目组织者还应制定有效的风险管理策略，对已经发生的财务风险进行管理，并避免财务风险进一步演变和影响项目的正常运行。

（三）合作伙伴关系管理

通过与供应商、承包商等合作伙伴的有效合作和沟通，项目组织者能够确保财务流程的顺畅和透明度，减少支付延迟和纠纷的发生。良好的合作伙伴关系有助于实现财务资源的有效利用和风险的共同管理。

1.与供应商的合作伙伴关系管理

（1）寻找合适的供应商

项目组织者应根据项目需求和财务预算，寻找具备专业能力、信誉良好且价格合理的供应商，可以通过招标、投标或评估等方式，筛选出最适合项目的供应商。

谈判获取最佳价格和支付条件：在与供应商进行谈判时，项目组织者需要争取最优惠的价格和支付条件，可以通过多方比较、合理论证，最大程度地降低项目成本，并确保财务资源的有效利用。

（2）签订明确的合同或协议

与供应商签订明确的合同或协议对于财务资源管理至关重要。合同条款应涵盖价格、数量、质量、交货条件等方面，并明确支付和结算方式，以避免付款纠纷和延迟。

（3）持续监控供应商绩效

与供应商的合作不是一次性的交易，而是长期的合作关系。项目组织者应持续监控供应商的绩效，及时沟通和解决存在的问题，确保供应链的顺畅运作。

2.与承包商的合作伙伴关系管理

（1）签订明确的支付和结算协议

与承包商签订明确的支付和结算协议对于财务资源管理至关重要。协议应明确工程进度、支付节点和款项比例，以及变更和索赔等问题的处理方式。

（2）定期评估承包商绩效

项目组织者应定期评估承包商的绩效，包括工期、质量、安全和成本等方面，通过评估结果，及时与承包商沟通并提供必要的支持和指导，以确保项目顺利进行。

（3）及时支付合理款项

项目组织者应按照合同约定及时向承包商支付合理的款项。这能够维护良好的合作关系，增强承包商的工作动力，并减少产生纠纷的可能性。

（4）强化沟通和协调

与承包商的合作需要进行密切沟通和协调。项目组织者应定期召开会议，与承包商共同解决存在的问题，并及时提供所需的信息和资源，以保证财务资源的有效利用和项目的顺利进行。

3.风险共担与共同管理

（1）共同风险识别和评估

在合作伙伴关系中，项目组织者和合作伙伴应共同识别和评估项目的财务风险，并确定应对措施，通过共同的努力，可以共同应对可能出现的财务风险，降低风险对项目的不利影响。

（2）风险分担和补偿机制

根据合同和协议的约定，明确合作伙伴之间的风险分担和补偿责任。合作伙伴应遵守合同约定，互相支持，共同承担可能发生的风险，在风险发生时及时采取相应措施进行补救。

（3）紧密合作和信息共享

合作伙伴间应保持紧密的合作关系，及时分享相关信息，共同应对风险。项目组织者应与合作伙伴建立良好的沟通机制，建立信息共享平台，以确保双方能够做出准确决策，充分利用财务资源和共同管理风险。

（4）建立长期伙伴关系

优秀的合作伙伴关系应当是建立在长期合作的基础上。项目组织者应积极与合作伙伴建立长期伙伴关系，共同发展和成长，并在以后的项目中有更深入的合作，实现经济效益的最大化。

项目二　供应链管理在施工中的应用

一、优化物资采购流程

（一）建立长期合作伙伴关系

1.电子采购平台

采用电子采购平台可以将物资采购过程从传统的纸质文件转移到线上平台。通过电子采购平台，供应商和采购方可以实现实时的信息交流和交易。采购方可以在线发布采购需求，供应商可以快速响应并提交报价。整个采购流程可以通过电子化的方式进行，包括订单确认、支付申请、交付跟踪等环节，实现更高效的采购管理和协作。

2.供应链管理软件

供应链管理软件可以帮助项目组织者跟踪和管理供应商信息、订单状态和库存情况等重要数据。通过实时监控和数据分析，项目组织者可以及时了解采购进度、库存状况和供应商表现，并做出相应的决策和调整。供应链管理软件还可以支持预测物资需求、优化供应链配置和制订采购计划，以提高采购的准确性和灵活性。

3.自动化处理和人工智能技术

利用自动化处理和人工智能技术，可以进一步提升物资采购的效率和准确性。例如，自动化处理可以实现自动化的订单处理和付款流程，减少人为错误和延误。人工智能技术可以通过对大数据的分析和算法模型的运用，对供应链进行智能化的优化和决策支持，提高采购的精确度和效率。

（二）采用先进的技术和系统

1.电子采购平台的运用

电子采购平台是一种在线交易平台，通过互联网连接供应商和采购方。采购方可以在平台上发布采购需求，并邀请供应商提交报价。供应商可以通过平台查看和回复采购需求，并在线提交报价。采购过程可以实现线上交易和自动化处理，大大简化了传统采购流程。同时，电子采购平台还提供了订单管理、付款申请和交货追踪等功能，减少了人为错误和延误。

2.供应链管理软件的应用

供应链管理软件可以帮助监控和管理整个供应链的各个环节，包括供应商管理、订单管理和库存管理等。通过该软件，项目组织者可以实时跟踪供应商信息，了解订单状态和库存状况，以及监控物资交付的进度。数据分析功能可以帮助识别潜在的供应风险和瓶颈问题，并及时做出调整和决策。供应链管理软件提供了实时的监控和数据分析，为优化采购流程和供应链配置提供了依据。

3.自动化处理的应用

自动化处理在物资采购中可以大大提高效率和准确性。例如，项目组织者可以通过自动化处理实现货物核对和库存更新的自动记录，减少了人为错误和重复工作。自动化处理还可以将订单和付款流程自动化，加快采购流程并提高准确性。此外，利用人工智能技术和机器学习算法，可以对供应链数据进行分析和预测，从而更好地满足物资需求，并避免过剩或缺货情况。

（三）实施集中采购策略

1. 规模效益的实现

通过集中采购，项目组织者可以实现规模效益。集中采购可以获得大量物资的优惠价格和折扣。与此同时，集中采购也能够提高对供应商的议价权，由于采购的规模较大，项目组织者可以更好地与供应商进行谈判以获得更有利的合同和付款条件。

2. 统一标准的应用

集中采购还可以实现物资的统一标准。通过集中采购，项目组织者可以与供应商协商并共同制定统一的物资规格、质量标准和技术要求。这样可以降低因使用不同品牌或型号的产品而导致的配套问题，并简化后续的施工和维护工作。

3. 防止重复采购与浪费

另一个重要的优势是集中采购可以减少重复采购和物资浪费。通过集中采购，项目组织者可以更好地了解自身物资需求，整合各部门和项目之间的需求，并避免冗余采购和过度库存的情况。这不仅能够提高资源利用率，还能够减少物资浪费，降低成本。

二、协调物流和运输

（一）与物流公司合作

首先，与物流公司合作可以提供专业的物流运输经验和资源。物流公司拥有丰富的物流运输经验，熟悉各类物资的运输特点和要求。它们可以根据施工项目的具体需求和物资特性，制定合适的物流方案，包括运输路线的选择、货物包装的设计及运输车辆的安排等，确保物资快速、安全和准时交付。

其次，物流公司拥有完善的物流网络和资源。它们与各个环节的供应商、承运商和仓储企业建立了长期合作关系，能够通过整合资源来优化物流运输的效率和成本。物流公司可以利用自己的网络和资源优势，将物资从供应商处取得，并按照项目需求进行运输、仓储和分配，确保物资能够及时到达施工现场，并根据施工进度进行合理调度。

再次，与物流公司合作可以提高物资配送的灵活性和可控性。物流公司通常具备多种运输工具和运输服务的选择，例如陆路运输、海运或空运等，因此其能够根据具体情况灵活选择最合适的运输方式来满足施工项目的需求。此外，物流公司还可以为物资配送提供实时跟踪和监控服务，确保物资的安全和可控，在整个运输过程中及时处理异常情况。

最后，与物流公司长期合作可以带来更多的优惠条件和增值服务。通过建立稳定的合作伙伴关系，施工项目能够享受到物流公司提供的更有竞争力的价格和更好的服务。物流公司也会更加了解施工项目的需求，为项目提供增值服务，如库存管理、供应链优化、信息系统支持等，进一步提高物资物流管理的效率和质量。

（二）运输跟踪和信息系统

首先，运输跟踪系统可以实现物资的实时追踪和监控。物流公司通过运输跟踪系统提供物资的运输状态、位置和预计到达时间等信息。项目组织者可以通过该系统随时了解物资的运输情况，包括运输车辆的位置、运输进程的延误情况等。这样可以及时发现潜在的问题，并采取相应的措施来避免或解决运输中的延误或风险。

其次，信息系统的使用可以实现供应链的信息共享和协同。通过与供应商和物流公司建立信息系统的连接，项目组织者可以与各方共享相关的信息，包括物资需求、供货状态和运输进度等。这有助于实现供应链各环节之间的协调和配合，提高物资配送的准确性和效率。例如，在运输过程中，项目组织者可以及时了解供货状态，从而调整后续工作计划，避免因物资延误导致的施工停滞或成本增加。

再次，信息系统支持订单管理和库存管理。项目组织者可以通过信息系统管理物资的订单和库存。与供应商和物流公司的信息系统连接，可以准确记录物资的订购、收货和发运等信息。这有助于实现供需的匹配，减少库存的积压和浪费，并提供及时的库存报告和预警，以便及时采取补充或销售等措施。

最后，信息系统还可以支持物资质量管理和安全追溯。在信息系统中记录物资的来源、质量标准和检验结果等信息，可以追踪物资的质量和安全性。在物资出现质量问题或安全风险时，项目组织者可以通过信息系统查询相应的供应商和批次信息，进行追责和整改。这有助于提高物资的质量管理水平和安全性，保障施工项目的顺利进行和保证工程质量。

（三）预警和问题解决

首先，交通拥堵是常见的物流问题之一。在城市建设项目中，道路拥堵可能对物资的及时运输造成严重影响。项目组织者应在物流计划中充分考虑交通状况，利用实时交通信息进行预测，并制定灵活的运输路线。与交通管理部门密切合作，可以及时获得交通状况的更新信息，从而调整运输计划，避免拥堵对项目进度的不利影响。

其次，天气突变也是无法预测但可能影响物流的因素之一。极端天气条件可能导致道路封闭、交通中断，甚至影响运输设备的正常运行。项目组织者应在物流计划中考虑季节性变化和可能的极端天气事件，并与气象部门合作，获取及时的天气预警信息。在面临恶劣天气时，项目相关人员可以通过调整运输时间、采用防护措施等方式来应对，以最大程度地减少恶劣天气对物资运输的影响。

再次，运输设备故障是另一个常见的问题。无论是货车、船舶还是飞机，运输工具的故障都可能导致物资的延误。项目组织者应与物流公司建立紧密的合作伙伴关系，确保运输设备的定期检修和维护。此外，建议在物流合同中明确运输工具的维护责任，并与物流公司共同制定应急预案，以便在出现故障时能够迅速响应，采取有效的替代方案，确保物资能够按时到达目的地。

最后，通过现代物流技术和信息系统的应用，项目组织者可以更好地协调物流和运输活动。物流管理系统可以实时追踪物资的运输状态和位置，提供详尽的数据支持。在面临问题时，这些数据可以帮助项目组织者快速定位问题并采取相应措施。此外，与物流公司建立长期合作伙伴关系，利用信息系统共享关键信息，可以提高沟通效率，降低信息传递的滞后性，从而更及时地解决物流过程中的问题。

三、管理库存和仓储

（一）物资需求预测和库存控制

1. 物资需求预测

供应链管理可以通过分析历史数据、项目计划和施工进度等因素，对未来的物资需求进行预测。收集和分析过去的需求数据，可以识别需求的季节性变化、趋势和模式，从而更准确地预测未来的需求量。此外，项目计划和施工进度也是物资需求预测的重要依据，根据项目的进度和流程，可以预测出需要哪些物资及何时需要这些物资。准确的需求预测可以帮助项目组织者合理安排物资采购和库存，避免因为需求过高或过低而造成的成本浪费或项目延误。

2. 库存控制

根据物资需求预测，项目组织者可以合理设置库存水平，并通过动态库存管理来控制库存。动态库存管理是指根据实际需求和供应情况，不断调整库存水平和补充策略。与供应商和物流公司建立信息系统连接，可以实现库存的实时监控和跟踪。当库存低于设定的安全库存水平时，项目组织者可以及时与供应商协商补货计划，避免物资短缺。而当库存超过了预期需求的情况下，项目组织者可以采取促销或调整采购计划等措施，降低库存积压和成本。

3. 供应链协同与信息共享

为了更准确的需求预测和库存控制，供应链各环节之间的协同和信息共享是至关重要的。项目组织者可以与供应商和物流公司建立紧密的合作关系，共享相关的信息。与供应商进行信息交流，可以及时了解供货状态、交货期和价格变动等因素，从而提前调整采购计划。与物流公司的信息共享可以实现物资运输的可追溯性和实时跟踪，从而及时调整库存和配送计划，保证物资准时到达施工现场。供应链各方之间的协同和信息共享，可以提高需求预测的准确性和库存控制的灵活性，从而实现物资的有效管理和供应链的优化。

（二）仓储布局和操作流程设计

1. 仓储布局设计

仓储布局的设计要充分考虑物资的特性和尺寸，以最大程度地利用存储空间。首先，根据物资的特性和需求，可以将物资进行分类和分区存放，使得相似或相关的物资能够放在一起，方便管理和取用。其次，合理使用货架和垂直存储设备，通过垂直堆叠物资，可以充分利用仓库的垂直空间，增加存储容量。此外，合理规划通道和存储区域，提供足够的操作空间，方便物资的装卸和移动。最后，要注意安全性，设置防火、防潮等设施，确保物资的质量和安全。

2. 操作流程设计

仓库的操作流程设计要规范和标准化，旨在确保物资的入库、出库和分拣过程顺畅高效。首先，入库操作流程应包括对物资的验收和整理，确保物资的准确性和完整性。入库时要进行清点和记录，并根据物资特性进行适当的包装处理。其次，出库操作流程应包括对物资的拣选和配送，确保及时满足客户需求。出库时要按照订单进行拣选，并采取适当的包装和装载措施，以保证物资的完好无损。最后，分拣操作流程应考虑物资的分类和特性，合理安排分拣任务和工作站，优化分拣效率和准确性。

3.物流辅助工具的使用

在仓储布局和操作流程设计中，合理使用物流辅助工具可以进一步提高工作效率和减少错误。例如，使用货架和储物箱可以有效组织和储存物资，减少混乱和货物破损的风险。而使用射频识别（RFID）技术和条码系统可以实现物资的自动识别和跟踪，降低手工记录的错误率。此外，合理使用装卸设备，如叉车和输送带等，可以加快物资的装卸和移动速度，提高物流处理的效率。

（三）标准化仓储管理方法的应用

1.条码技术的应用

条码技术是一种常见的标准化仓储管理方法。在物资上标贴条码，可以实现物资的快速识别和跟踪。在物资的入库过程中，工作人员只需扫描条码即可将物资信息录入系统，避免手工记录带来的错误和延误。在出库过程中，扫描条码可以快速准确地确认物资的准确性和完整性，并进行记录。此外，条码技术还可用于库存盘点，通过扫描物资的条码，可以实时更新库存信息，提高仓库运营效率。

2.RFID技术的应用

射频识别（RFID）技术是一种无线自动识别技术，也是标准化仓储管理方法的重要组成部分。与条码相比，RFID标签可以实现更远距离的识别和读取。在物资上粘贴或嵌入RFID标签，可以实现物资的实时追踪和管理。在仓库操作过程中，利用RFID读取器，可以快速、准确地获取物资信息，省去了人工输入的环节，提高了操作效率和准确性。而且，RFID技术还可以实现对物资的非接触式管理，减少了物资存在损坏和丢失的风险。

3.自动化处理的优势

采用标准化的仓储管理方法可以实现物资的自动化处理，具有诸多优势。首先，自动化处理可以减少人为差错，提高操作的准确性。由于条码或RFID技术可以快速准确地读取物资信息，避免了手工录入可能带来的错误和延误。其次，自动化处理可以提高操作的效率。通过条码或RFID技术，物资的识别和管理可以实现自动化，减少了人工处理的时间和成本。此外，自动化处理还可以提供实时的数据反馈和追踪能力，帮助企业进行及时决策和调整，提升整体物流管理的水平。

项目三 物料和设备管理

一、物料采购和管理

（一）物料需求确定与供应商选择

1.施工计划和设计要求分析

在项目启动的初期阶段，项目组织者需展开深入细致的施工计划和设计要求分析。这一关键步骤对项目的成功实施至关重要，涉及工程的各个阶段和相关设计文件的仔细审查。通过这个过程，我们将明确所需物料的种类、规格及数量，确保在物料采购的过程中不仅满足设计要求，而且高效地推动整个工程的进行。

首先，我们需要与项目的工程师和设计团队建立紧密的合作关系。这种紧密的协作是为了确保在分析施工计划和设计要求时能够全面理解各项技术细节和工程参数。工程师和设计团队的专业知识是深度分析的基础，他们能提供对设计文件的深入解读，以及工程实施中可能出现的挑战的预测。

其次，通过详细研究设计文件，我们可以确定在不同阶段所需的物料。这不仅包括结构性的材料，如混凝土、钢材等，还包括电气设备、管道、通风系统等各个方面的物料。对设计文件的透彻理解将为我们提供所需物料的种类和规格的详细清单。

再次，通过对每个物料种类的需求进行量化分析，我们可以准确计算所需的数量。这需要考虑到项目的规模、设计参数及可能的变化因素。这个过程中，我们要关注工程的可行性，确保所计划的物料采购量能够满足整个工程的需要，同时避免过多的库存和资源浪费。

最后，建立严格的施工计划，将物料的采购与工程的不同阶段相匹配。这包括制定合理的交付时间表，确保物料在需要的时候能够及时到达工地。在这个过程中，项目组织者需要考虑到不同物料的供应周期、运输时间及可能的延误因素，以避免对整个工程进度造成不利影响。

2. 寻找合适的供应商

在物料需求被明确定义之后，项目组织者着手寻找合适的供应商，这一步骤至关重要，直接关系到项目后续的物料采购、工程进度和成本控制。在这一复杂而关键的过程中，项目组织者需要综合考虑传统供应商网络、新兴市场和创新供应链，以确保最终选择的供应商具有竞争力和可靠性。

首先，项目组织者将进行广泛的市场调研。这不仅仅是对传统供应商的调查，更需要关注新兴市场和创新供应链。市场调研的目的是了解当前物料市场的整体情况，掌握各种供应商的实力、信誉及产品质量。通过对市场动态的深入了解，项目组织者能够及时捕捉到供应商的新兴趋势，为项目选择提供更为全面的信息基础。

其次，利用供应商数据库进行筛选。现代企业管理软件已经发展到可以提供庞大的供应商数据库，其中包含了各行各业的供应商信息。通过综合利用这些数据库，项目组织者能够迅速筛选出符合项目需求的潜在供应商。这一步骤需要细致入微的搜索和过滤，以确保所选供应商具备必要的资质和能力。

再次，项目组织者可以参与专业展会，这是与潜在供应商直接接触的绝佳机会。专业展会汇聚了来自全球各地的供应商，展示了最新的产品和技术。通过参与这类展会，项目组织者可以亲自与供应商沟通，实地考察产品质量、技术水平和公司实力。这种直接的面对面交流有助于建立更为紧密的合作关系，同时也能够更直观地评估供应商的实际情况。

最后，在收集到潜在供应商的候选名单后，项目组织者需要进行深入评估。这包括对供应商的财务状况、生产能力、交付能力及质量管理体系的全面审查。通过综合考量这些因素，项目组织者能够筛选出最符合项目要求的可靠供应商。

在整个寻找供应商的过程中，项目组织者需要保持灵活性和开放心态。新兴市场的崛起和创新供应链的涌现可能为项目提供更有竞争力的选择。因此，持续的市场监测和对新技术的敏感性都是确保最终选择的供应商在未来能够持续满足项目需求的关键。

通过这一系统而全面的寻找供应商的过程，项目组织者能够为项目的后续物料采购打下坚实的基础。选择具有竞争力和可靠性的供应商不仅有助于降低采购成本，还能够保障工程的进度和质量，为项目的成功实施提供可靠的支持。

3. 谈判与评估

在确定潜在供应商后，项目组织者进入与其进行关键性的谈判与全面评估的阶段。这一过程不仅涉及物料价格、交货期限和质量标准等具体合同条款的讨论，还包括对供应商资质、生产能力和过往业绩等多方面的全面评估。通过充分的沟通、协商和审查，项目组织者旨在确保选择的供应商不仅能够满足项目的要求，还具备与项目长期合作的可持续潜力。

首先，在谈判的初期，项目组织者需要明确并明确阐述项目的具体需求。这包括对物料的质量标准、规格和技术要求的详细说明，以及对价格、交货期限和支付条件等商务条款的明确定义。在这个阶段，双方需要开诚布公地讨论，确保双方对合作期望的一致性，以避免后期可能产生的误解和纠纷。

其次，在物料价格的谈判中，项目组织者需要全面考虑市场行情、竞争对手的价格水平及供应商的生产成本。通过与供应商充分协商，项目组织者可以争取到更有竞争力的价格，并在确保质量的前提下降低采购成本。此外，双方还可以探讨合同中的灵活条款，如批量折扣、长期合作协议等，以实现共赢的局面。

再次，全面评估供应商是确保合作关系稳固的关键一环。这包括对供应商资质的审查，包括公司注册信息、财务状况和相关认证。同时，项目组织者需要深入了解供应商的生产能力，确保其能够满足项目规模和要求。过往的业绩和客户反馈也是评估供应商可靠性的重要指标，通过调查供应商的历史交易记录，可以更好地了解其交货的及时性、服务质量等方面的表现。

最后，谈判和评估的过程中，建立透明的合作框架是确保长期关系的关键。项目组织者与供应商之间的沟通渠道、问题解决机制、变更管理等方面的细节都需要在合同中明确规定。此外，合同中的风险管理条款也需要充分考虑，以应对可能发生的突发状况，保障双方权益。

在整个谈判与评估的过程中，项目组织者需要保持专业且果断。对于合作中的关键问题，项目组织者需要进行深入的讨论，确保所有相关方都对合作关系的各个方面有清晰的认识。谈判和评估不仅仅是一次交易，更是建立长期战略伙伴关系的契机。因此，综合考虑商务和战略层面的因素，项目组织者将为采购合作奠定坚实的基础。

通过这一谈判与评估的过程，项目组织者不仅能够确保采购合作的各个方面都得到充分考虑，而且能够建立起与供应商之间相互信任、互利共赢的战略伙伴关系。这为项目的后续推进提供了可靠的支持，同时也为未来的合作奠定了可持续的基础。

（二）合同签订与交付协调

1. 合同细则明确

采购合同的内容需要涵盖物料的具体规格、数量、价格、质量标准、交付方式、付款条款等方方面面的细节。这些合同细则的明确性不仅对于双方在合作中的权益保护至关重要，而且有助于规范和强化合作关系，为项目的成功推进提供坚实的法律和商业基础。

　　首先，合同需明确物料的具体规格。这包括对物料的技术参数、尺寸、材质等方面的详细描述。确切规定物料的规格，可以避免在后期因为规格不明确而产生的纠纷。在规格的制定过程中，项目组织者需要与供应商充分沟通，确保对双方对于物料规格的理解一致。

　　其次，合同需要详细说明物料的数量和交付方式。这不仅包括每一批次的数量，还涉及交付的时间、地点、方式等方面的细节。明确的交付方式有助于双方在项目进程中合理安排物料的到货和使用，确保工程的正常推进。同时，在合同中规定的交付期限也为项目组织者提供了法律依据，确保供应商按时履行合同义务。

　　再次，价格和付款条款是合同中极为关键的内容。在合同中明确物料的价格和付款方式，可以有效避免后期价格纠纷和支付问题。价格的明确定义需要综合考虑市场行情、供应商的报价及双方的协商结果。付款条款的制定需要考虑到项目的财务状况，同时也要符合业界的常规惯例，以确保支付的及时性和合理性。

　　最后，质量标准是合同不可忽视的一部分。在合同中明确物料的质量要求，可以有效地规定双方在质量控制上的责任和义务。这包括对质量的具体要求、检验标准、验收程序等方面的规定。在质量标准的制定中，项目组织者需要充分考虑工程的实际需求和相关法规，以确保所采购的物料符合项目的技术要求和安全标准。

　　在整个合同制定的过程中，需要明确的是，合同不仅仅是一份法律文件，更是双方合作的指导性文件。因此，合同的内容不应仅限于法律术语，还需要考虑到项目的实际情况和合作的战略方向。在合同的制定中，项目组织者和供应商都应该充分参与，确保双方的合法权益得到充分保障。

　　合同细则的明确，不仅可以规定合作关系，降低双方合作过程中的风险，还可以为项目的顺利进行提供坚实的法律和商业支持。一份清晰、明确的合同是项目管理中不可或缺的一环，它不仅为项目的成功推进提供了有力保障，也为双方建立了长期合作的基础。

　　2.交付时间和方式协调

　　首先，在合同签订后，项目组织者应立即启动物料交付协调的流程。这包括与供应商确认交付时间表，确保供应商明确了交付的具体日期和时间。双方需要明确定义交付时间，以避免因为时间不明确而导致的不必要的等待和延误。在这一过程中，沟通渠道的畅通是非常关键的，项目组织者应与供应商保持及时、有效的信息沟通。

　　其次，协调适当的物流方案是确保物料安全到达的关键环节。项目组织者需要与供应商共同商讨最合适的物流方式，考虑到物料的性质、数量和交付地点等因素。这可能涉及陆运、海运、空运等多种运输方式的选择。同时，需要考虑到运输途中可能出现的问题，如天气变化、交通拥堵等，制订相应的风险管理计划。

　　再次，建立物料交付的跟踪和监控机制是确保物料按时到达的关键。这可以通过使用现代化的物流追踪技术，如GPS追踪、实时数据监控等来实现。通过这些技术手段，项目组织者可以随时随地了解物料的当前位置和状态，及时发现并解决可能的问题。同时，定期的进度更新和沟通有助于双方保持信息同步，提高物料交付的透明度。

　　最后，在物料到达施工现场之前，项目组织者需要与现场相关人员进行有效的协调。这包括与工程团队、仓储人员、安全人员等相关人员的沟通，确保他们已经准备好接收和处理所交付的物料。在这个过程中，清晰的责任划分和沟通渠道的建立是非常重要的，以避免因为信息不畅通而引发的问题。

（三）物料分类、分配与标识

1.分类和整理

根据施工计划的需要，将不同种类和规格的物料有序地摆放在指定区域，可以有效提高物料的取用效率，减少施工过程中的混乱和延误。

首先，项目组织者需要明确施工计划中对物料的需求和使用顺序。这一步是整个分类和整理过程的基础，项目组织者需要根据项目的施工阶段、工序和工程需求，合理划分物料的种类和规格。清晰的施工计划能够为分类和整理提供明确的指导，确保物料摆放的有序性符合实际施工的需要。

其次，根据物料的种类和规格，将其分门别类摆放在指定的区域。这包括对结构性材料、电气设备、管道、装饰材料等各个方面的物料进行划分。对物料进行分类，不仅有助于施工人员更快速地找到所需的物料，还能够减少物料混乱摆放导致的误取或遗漏情况。

再次，在分类的基础上，对每一类物料进行进一步的规格划分。这包括按照尺寸、型号、质量等方面的特征将物料进行分堆摆放。精确的规格划分，可以最大化地减少在施工现场寻找特定规格物料的时间，提高工人的工作效率。同时，这也有助于确保施工中使用的物料符合设计和质量标准。

第四，在摆放物料时，项目组织者需要注意考虑施工现场的安全和通行情况。确保物料的摆放不妨碍施工道路和通道，以保障施工人员的安全。在摆放过程中，项目组织者可以使用合适的标识和标志，标明每个区域的物料种类和规格，使得施工人员能够迅速准确地找到所需的物料。

最后，建立有效的物料管理系统，包括记录物料的进出、库存情况等信息。通过使用现代化的物料管理软件，可以实现对物料流动的实时监控和追踪。这不仅有助于项目组织者了解物料的使用情况，还可以帮助及时发现潜在的问题，如库存不足或过剩，以及及时调整施工计划。

2.标识和追溯

在物料管理的环节中，为每个物料进行详细的标识是确保管理的可追溯性的关键步骤。这包括但不限于物料名称、规格、批次号、生产日期等信息的清晰标注。这样的标识，可以追溯物料的来源和质量，从而提高管理的透明度和可追溯性。同时，结合现代技术如 RFID（射频识别）技术，可以进一步提升标识的精准度和效率。

首先，在物料到达施工现场之前，项目组织者需要确保每个物料都被正确标识。这一步骤应在物料进入施工现场之前的物流阶段完成。标识信息包括物料名称、规格、批次号、生产日期等关键信息，这些信息是保障物料可追溯性的基础。确保每个物料都被清晰标识，可以在后续的使用和管理中更加准确地识别和追溯。

其次，标识的准确性和清晰度对于物料追溯的有效性至关重要。项目组织者可以考虑使用标准化的标识方式，以确保信息的一致性和易读性。对于大批量物料，使用条形码或二维码标识是一种常见的选择。这种标识方式不仅可以提高标识的精准度，还可以便于后续使用扫描设备进行快速识别。

再次，现代技术的应用，特别是 RFID 技术，为标识和追溯提供了更高效的手段。在物料上嵌入 RFID 标签，可以实现对物料的实时监测和追踪。这种射频识别技术能够在不接触物料的情况下，迅速准确地读取物料信息。这样的技术应用不仅提高了标识的精准度，还能够大幅提升标识和追溯的效率。

第四，对于批次号和生产日期等关键信息，项目组织者需要建立相应的数据库或信息系统。这个系统可以记录每个物料的详细信息，包括供应商信息、生产地点、生产工艺等。建立完善的信息体系，可以在需要追溯时迅速查找到物料的来源和生产情况，从而更加精准地进行管理。

最后，在整个使用周期中，物料的标识和追溯信息应该得到持续更新和维护。这包括在物料使用、库存变动等环节及时更新信息，确保数据库或信息系统中的数据与实际情况保持一致。这样可以防止因为信息不准确而引发的问题，保障物料管理的可追溯性的长期有效性。

通过这一系列的标识和追溯措施，项目组织者可以有效提高物料管理的可追溯性，减少潜在的错误和问题。这不仅有助于项目在施工过程中更加精细化和有序化地进行，还为质量管理、供应链优化等方面提供了可靠的数据支持。标识和追溯的现代化手段更是为项目管理提供了新的可能性，使得物料管理更加智能、高效。

3. 储存和保管

项目组织者需要确保物料的储存环境符合其要求，以防止湿气、阳光、化学物质等对物料造成损害。定期的库存检查和维护是保障物料状态良好的关键步骤，这有助于确保在施工过程中能够充分发挥物料的性能和功能。

首先，在物料到达储存地点时，项目组织者应确保储存环境符合物料的要求。不同类型的物料对储存环境的要求各异，例如，一些材料对湿度非常敏感，需要存放在干燥通风的地方；而另一些材料可能对阳光、紫外线等有较强的抵抗能力。项目组织者需要了解每种物料的特性，设立相应的储存条件，以最大程度地保护物料的质量和性能。

其次，在储存物料时，合理的堆放和防护措施是非常重要的。项目组织者可以考虑采用货架、托盘等设备，以确保物料的稳定储存。对于易碎、易损的物料，可以使用合适的包装材料，如泡沫塑料、气泡膜等，以减少运输和储存过程中的振动和碰撞。这一系列的措施有助于避免在储存过程中因不慎引起的物料损坏。

再次，对于一些特殊物料，可能需要采取额外的保管措施。例如，对于化学药品、易燃易爆物料等，需要设立专门的储存区域，并符合相关的安全标准和法规。在这些区域内，项目组织者需要设立专人负责，确保储存和保管过程的安全性和合规性。

第四，定期的库存检查和维护是确保物料状态良好的关键步骤。项目组织者可以建立一套系统的检查和维护程序，包括对物料数量、质量、包装状况等方面的检查。定期的检查，可以及时发现潜在的问题，采取相应的措施，防止问题进一步扩大。同时，定期的维护工作也有助于延长物料的使用寿命，提高物料的经济效益。

最后，在整个储存和保管的过程中，建立详细的记录是非常重要的。项目组织者可以建立物料档案，包括物料的来源、存储条件、检查记录等信息。这不仅有助于及时了解物料的状态，还可以为日后的追溯提供必要的依据。在现代物料管理中，项目组织者也可以考虑使用信息化手段，如物料管理系统，实现对物料信息的实时监控和管理。

二、设备调度和管理

（一）设备需求确定与供应商选择

1. 工程需求和进度分析

首先，项目组织者应该与工程师和施工团队展开紧密合作，以全面了解工程的需求和进度计划。这包括对工程的各个阶段、不同工序的设备需求的详细了解。通过与工程师深入交流，项目组织者可以获得对于设备类型、规格、性能要求的清晰认识，为后续设备的采购和管理提供明确的方向。

其次，在工程需求的基础上，项目组织者需要进行详细的设备规划。这包括确定每种设备的具体数量、规格及使用周期。在规划的过程中，项目组织者要考虑到设备的灵活性，即设备是否能够适应不同工程阶段和工序的需求。此外，性能和技术要求也是关键因素，项目组织者需要确保选用的设备能够满足工程的技术标准和质量要求。

再次，项目组织者需要在设备规划中综合考虑工程的进度计划。这包括对每个设备的交付时间、安装时间、使用时间等方面的合理安排。在进度计划中，项目组织者要考虑到可能的变更和延期，以确保设备管理方案的灵活性。与此同时，项目组织者还需要考虑设备之间的协调，避免因为设备使用冲突而导致工程进度的延误。

第四，在设备的采购过程中，项目组织者需要与供应商进行充分的沟通和协商。这包括对设备的价格、交付周期、售后服务等方面的详细了解。在谈判过程中，项目组织者要充分发挥团队的协同作用，确保设备的采购符合预算要求，并获得最佳的交易条件。

最后，项目组织者需要建立有效的设备管理系统。这包括建立设备档案，记录每个设备的详细信息，包括购买日期、维护记录、使用情况等。建立这样的档案，可以随时了解设备的状态，及时进行维护和保养，延长设备的使用寿命。

2. 寻找合适的设备供应商

首先，项目组织者应该在设备供应商的选择上注重设备的性能和质量。这包括对设备的技术规格、使用寿命、适用环境等方面进行详细了解。项目组织者通过与工程师和专业人员的深入交流，确定所需设备的具体要求，确保选择的设备能够完全满足工程的需要。同时，项目组织者通过查阅相关的产品评价和技术报告，对设备的性能进行客观评估。

其次，除了设备本身的性能外，项目组织者还需要考虑供应商的信誉和声誉。项目组织者通过调查供应商的历史记录、过往业绩及客户评价，了解供应商在同行业中的地位和口碑。项目组织者可与其他项目经理或同行业人员进行交流，获得更为客观的评价和建议。一个信誉良好的供应商通常能够提供更为可靠的设备和服务。

再次，售后服务是设备采购过程中不可忽视的一环。项目组织者需要了解供应商的售后服务政策，包括维护、保修、培训等方面的内容。一个负责任的供应商通常会提供全面的售后支持，确保设备在使用过程中能够保持良好的状态，同时能够及时解决可能出现的问题。

第四，设备供应商的交货能力也是需要仔细考虑的因素。项目组织者需要了解供应商的生产能力、库存情况及交货周期等信息。项目组织者通过与供应商直接沟通，明确设备的交付时间表，确保能够满足工程的进度要求。在这个过程中，项目组织者可以与供应商签署明确的交付合同，规定双方的责任和义务。

最后，通过市场调研、参与行业展会和网络搜索等方式，项目组织者可以建立一个潜在的设备供应商候选名单。这个名单可以列出各个供应商的基本信息，包括产品线、服务水平、价格水平等。通过综合比较，项目组织者可以筛选出最符合项目需求的设备供应商，为后续的采购决策提供有力的支持。

3.谈判与评估

首先，在谈判的初期，项目组织者需要明确设备的具体需求和项目的预算限制。明确项目的技术要求和质量标准，可以为后续的谈判提供明确的目标。在预算方面，项目组织者需要合理评估项目的经济状况，确保在谈判中能够达成经济合理的采购协议。

其次，谈判的重点之一是设备价格。项目组织者需要与供应商就设备的价格进行充分沟通和协商。这包括对设备本身的价格、数量折扣、付款方式等方面的谈判。在谈判过程中，项目组织者可以通过比较不同供应商的价格水平，获取市场行情，确保最终达成的价格既具有竞争力，又符合项目的预算要求。

再次，除了价格，交货期也是谈判中需要重点考虑的因素。项目组织者需要明确工程的进度计划，确保设备的交付时间与项目的施工进度相契合。在谈判中，项目组织者可以与供应商商定明确的交付时间表，并在合同中规定相关的交货条款，确保双方达成共识，避免因交货延误而导致项目进度的延迟。

第四，售后服务是设备采购合作中一个至关重要的方面。项目组织者需要与供应商详细讨论售后服务的内容，包括维护、保修、技术支持等方面的条款，确保在设备投入使用后，能够得到及时、有效的售后支持，提高设备的可靠性和使用寿命。

第五，在谈判的同时，项目组织者需要对供应商进行全面评估。这包括对供应商的技术能力、生产能力和过往业绩进行仔细分析，可以要求供应商提供相关的资质证明、技术文件和客户推荐信，以验证其在行业中的信誉和实力，通过这样的评估，可以确保选择的设备供应商能够真正满足项目的技术和质量要求，并具备长期稳定的供货能力。

最后，在谈判的尾声，项目组织者需要将达成的协议明确地写入采购合同中。合同应包括设备的详细规格、数量、价格、交货期、售后服务条款等所有相关细节。明确合同条款，可以避免后续的纠纷和误解，确保设备采购合作的顺利进行。

（二）设备调度计划与运输协调

1.制订设备调度计划

首先，项目组织者应该详细了解工程进度，并将设备调度计划与之相协调。项目组织者通过与施工团队和工程师的沟通，明确工程各个阶段对设备的需求和时间安排。这涵盖了设备的到位时间、使用时间、移动时间等关键时间节点。通过充分理解工程进度，调度计划可以更好地满足项目的实际需要。

其次，在设备调度计划中，项目组织者需要考虑设备的具体到位时间和位置。这包括确定设备在施工现场的摆放位置，以及设备到位的时间节点。对于大型设备，可能需要提前协调好场地的平整和设备的卸载位置，确保设备能够顺利到位。此外，项目组织者需要考虑设备的组装和测试时间，以保证设备在到位后能够立即投入使用。

再次，运输方式是设备调度计划中的一个重要环节。项目组织者需要选择合适的运输方式，确保设备能够在规定时间内安全到达施工现场。这可能涉及道路运输、铁路运输、海运或空运等多种选择。在选择运输方式时，项目组织者需要考虑设备的体积、重量及运输距离，以确定最经济、最安全的运输方式。

第四，设备之间的协同作用是设备调度计划中的一个重要考虑因素。不同设备之间可能存在依赖关系，需要合理安排它们的到位时间，确保各个设备之间能够协同工作。协同作用的考虑包括设备的安装顺序、使用优先级等方面，以提高整个施工过程的效率。

最后，设备调度计划应该是动态的，并能够适应可能的变更。在工程实施过程中，可能会发生一些突发状况，如天气影响、供应链问题等。因此，项目组织者需要建立灵活的调度计划，随时准备应对变化，确保工程进度不受过多干扰。

2.运输协调与管理

首先，项目组织者在制订运输计划时需要与专业的物流公司建立紧密的合作关系。这包括选择合适的物流服务提供商，对其经验、信誉及运输网络进行全面评估。与物流公司建立有效的沟通渠道，确保双方能够共同理解运输计划的关键要素，并及时解决可能出现的问题。

其次，在运输计划中，项目组织者需要详细规划设备的运输路线和运输方式。这可能涉及道路运输、铁路运输、海运或空运等多种选择。在选择运输方式时，项目组织者需要考虑设备的尺寸、重量、目的地距离等因素，确保选择的方式既经济高效，又能够确保设备的安全运抵。

再次，考虑到运输过程中可能遇到的各种不可预见的问题，项目组织者需要制定详细的运输应急预案。这包括对交通拥堵、天气恶劣、设备故障等情况的应对措施。通过提前制定应急预案，项目组织者可以在问题发生时迅速做出决策，最大程度地减少潜在的延误对工程的影响。

第四，运输过程中的跟踪与监控是确保设备安全到达目的地的关键步骤。项目组织者需要利用现代物流追踪技术，随时监控设备的运输状态和位置。通过实时跟踪，项目组织者可以及时发现并解决运输过程中可能出现的问题，确保设备按照计划到达目的地。

最后，与物流公司建立有效的沟通机制，及时获取运输过程中的反馈信息。通过与物流公司的紧密合作，项目组织者可以及时了解运输的进展情况，预测可能出现的问题，并及时调整计划，确保设备能够准时、安全地到达目的地。

3.设备退运和转场协调

首先，在项目初期，项目组织者应评估设备在不同施工阶段的使用需求，并考虑到设备在某一阶段使用完毕后的处理方式。这涉及设备是否需要退运到供应商处、其他项目现场，或者进行暂时的转场等。通过对设备使用周期的合理规划，项目组织者可以最大程度地减少设备空闲时间，提高设备的利用率。

其次，制订设备退运和转场计划时，项目组织者需要充分了解设备的特性，包括尺寸、重量、运输方式等。根据设备的具体情况，选择合适的运输方式和托运路径。这可能涉及道路运输、铁路运输、海运或空运等多种选择，需要根据具体情况综合考虑。

再次，在设备退运和转场计划中，项目组织者需要确保运输的合规性。这包括符合国家和地区的法规要求，保证设备的运输是合法、安全的，可能涉及运输许可证的申请、超大型设备的护送安排等措施，以确保设备的运输过程不违反相关法规和标准。

第四，设备的退运和转场计划需要与物流公司和相关机构进行充分的沟通和协调，与物流公司确定具体的运输方案，包括路线规划、运输工具的选择、装卸计划等，与相关机构协商，获得必要的运输许可和批文，确保设备的运输能够顺利进行。

最后，在设备的退运和转场过程中，项目组织者需要建立有效的监控机制，通过现代物流追踪技术，随时监控设备的运输状态和位置，确保设备按照计划到达目的地，在整个退运和转场的过程中，及时解决可能出现的问题，确保设备运输的顺利进行。

（三）设备巡检与维护

1.设备巡检计划制订

设备的日常巡检是保障设备正常运行的重要环节。项目组织者应制订详细的设备巡检计划，包括巡检的频率、内容和检查标准。通过有计划的巡检，项目组织者可以及时发现潜在问题，预防设备故障的发生。

2.首先，在制订设备巡检计划时，项目组织者需要全面了解项目中所使用的各类设备的特性和工作环境。这包括设备的类型、规格、工作原理及使用条件等。通过充分了解设备的特性，项目组织者可以有针对性地确定巡检的内容和频率，确保巡检计划符合设备的实际情况。

其次，设备巡检计划需要确定巡检的频率。不同类型的设备，根据其工作环境和工作特性，可能需要不同频率的巡检。对于高频使用的设备，可能需要更加频繁的巡检，以确保随时发现并解决潜在问题。而对于低频使用的设备，则可以适度降低巡检的频率。

再次，巡检计划需要明确具体的巡检内容。这包括设备的各个关键部位、润滑系统、电气系统、传感器等方面的检查项目。对于不同类型的设备，巡检内容可能存在差异，需要根据设备的具体特性进行调整。细致的巡检内容，可以确保对设备各方面的状态都有全面的了解。

第四，设备巡检计划中的检查标准也是关键的一环。项目组织者需要明确每个巡检项目的合格标准和异常情况的处理流程。这包括设备运行参数的正常范围、润滑油的状态、电气连接的稳固性等方面的标准。通过设定明确的标准，项目组织者可以有效判断设备的运行状态，及时发现异常并进行处理。

最后，设备巡检计划的执行需要建立有效的记录和反馈机制。对于每一次巡检应该详细记录巡检的时间、内容、结果及采取的措施。建立巡检记录，可以形成设备运行的历史档案，为未来的维护和改进提供有利的参考。同时，设备巡检中发现的问题需要及时反馈给相关责任人，并制定有效的解决方案。

3.故障排除与应急处理

首先，制订设备定期维护计划时，项目组织者需要详细了解每个设备的使用频率、工作环境和使用条件。通过对设备的实际工作情况有深入的了解，项目组织者可以更加精准地确定维护的频率和内容。高频使用的设备可能需要更为频繁的维护，而低频使用的设备可以适度降低维护的频率。

其次，定期维护计划需要明确具体的维护项目。这包括但不限于更换易损件、清洁设备、润滑部件、校准仪表等。对于不同类型的设备，维护项目可能存在差异，需要根据设备的具体特性进行调整。通过制定具体而全面的维护项目，项目组织者可以确保设备各个方面的状态得到有效的维护。

再次，维护计划中需要明确维护工作的标准和方法。对于每一个维护项目，项目组织者都需要设定相应的标准，确保维护的质量。同时，需要明确维护工作的具体方法和步骤，以保证维护的规范性和有效性。建立维护标准和方法，可以降低人为因素对维护质量的影响。

第四，定期维护计划的执行需要建立有效的记录和监控机制。对于每一次维护，项目组织者应详细记录维护的时间、内容、使用的零部件及维护人员等信息。建立维护记录，可以形成设备维护的历史档案，为未来的维护提供有利的参考。同时，需要建立监控机制，随时了解维护的执行情况，确保维护工作按计划进行。

最后，定期维护计划的成功执行需要建立良好的团队协作机制。项目组织者需要与设备维护人员密切合作，确保维护工作得到及时而有效的执行。在维护计划中，应明确各个责任人的任务和职责，确保整个维护团队能够高效协作。

三、设备租赁和资源共享

（一）设备租赁

1.项目需求分析

首先，在进行设备租赁前，项目组织者需要深入分析项目需求。这涉及明确项目的性质、规模和工作周期。对于不同类型的项目，所需设备的种类和规模会有所不同。对项目需求的全面了解，可以为后续的设备租赁提供有力的依据。

其次，明确项目所需设备的类型是项目需求分析的关键步骤。不同项目可能需要不同类型的设备，如建筑项目可能需要起重机、挖掘机等重型设备，而办公室搬迁可能需要打印机、计算机等办公设备。准确定义项目所需设备的类型，可以更加有针对性地进行后续的设备选择和租赁。

再次，在项目需求分析中，项目组织者需要考虑设备的规模和数量。根据项目的规模和工作量，确定所需设备的数量，确保在项目执行过程中能够满足工作需求。合理估算设备数量是项目成功执行的关键因素，过多或过少的设备都可能对项目产生负面影响。

第四，技术规格和性能要求也是项目需求分析中需要考虑的重要因素。根据项目的特殊要求，确定设备的技术规格，确保所选设备能够满足项目的技术要求。性能要求涉及设备的工作效率、耐用性等方面，需要根据项目的具体情况进行调整。

第五，使用周期的确定对于设备租赁也至关重要。项目组织者需要明确每台设备的使用时间，包括开始使用的时间、结束使用的时间及中途可能的休息期。这有助于合理安排设备租赁的时间和周期，避免在项目执行过程中设备闲置或不足的情况。

最后，项目组织者在需求分析的最后阶段需要考虑设备的使用频率。根据项目的工作进度和需要，确定设备的使用频率，以便更精确地制订设备租赁计划。高频使用的设备可能需要更长时间的租赁，而低频使用的设备可以采用短期租赁方式。

2.设备供应商选择与谈判

首先，在设备供应商的选择阶段，项目组织者需要进行全面的市场调研。这包括对设备供应商的信誉、业绩、客户评价等方面的调查。通过调研，项目组织者可以建立起一个潜在的设备供应商名单，为后续的选择提供参考。

其次，在选择设备供应商时，除了关注租赁费用外，还需注重设备的技术状况。项目组织者应要求供应商提供详细的设备技术参数和检测报告，确保所租赁的设备符合项目的要求。技术状况的良好与否直接影响到设备在项目中的稳定性和可靠性。

再次，维护保养服务是供应商选择的另一个关键因素。项目组织者需要了解供应商提供的维护保养服务内容，包括定期检查、紧急维修响应时间等。一个有完善维护服务的供应商能够在设备出现问题时提供及时有效的支持，保障项目的正常进行。

第四，在选择供应商时，租赁期限也是需要充分考虑的因素。项目组织者需要与供应商协商租赁期限，并确保期限能够满足项目的需要。灵活的租赁期限安排有助于项目在不同阶段灵活调整设备的使用情况，提高项目的执行效率。

第五，在进行供应商谈判时，明确租赁合同的各项条款是关键步骤之一。这包括设备的交付方式、退租规定和租金支付方式等。与供应商的深入谈判，可以确保双方在合作关系中的权益得到充分保障，减少潜在的纠纷。

最后，项目组织者需要在谈判过程中特别关注租赁合同的透明性和合理性。确保合同中的条款明确清晰，不留空白和模糊之处。同时，合同的各项条款需要符合法律法规和市场惯例，确保合作关系的合法性和公正性。

3.租赁合同签订与管理

首先，合同签订是设备租赁的关键一环。项目组织者需要与设备供应商详细商讨，并确保合同中包含了所有必要的信息。合同应明确设备的具体规格、数量、租期等重要信息，以确保租赁双方在后续合作中有明确的依据。

其次，在合同签订后，建立有效的合同管理机制是至关重要的。这包括设备的交付验收、租金支付、设备维护等方面的监控与管理。项目组织者需要确保合同的各项内容得到严格执行，防范潜在的合同风险和纠纷。

再次，设备的交付验收是合同执行中的一个重要环节。在设备交付时，项目组织者需要进行详细的验收，确保设备的数量、规格和技术状态与合同一致。合同中约定的交付标准和验收标准应得到仔细检查，确保所租设备的质量符合预期。

第四，租金支付是合同执行的核心之一。项目组织者需要按照合同规定的付款方式和周期，及时足额地支付租金。建立合理的付款流程和监控机制，确保租金支付的及时性和准确性，以避免合同纠纷。

第五，设备维护是合同管理中不可忽视的一环。项目组织者与供应商需要明确维护责任和服务标准。建立定期维护计划,确保设备在租期内保持良好的工作状态。对于设备的维修和故障处理,需要建立快速响应机制,减少设备闲置时间。

最后,在合同管理的过程中,建立有效的沟通渠道也是关键因素。项目组织者与供应商需要建立及时沟通机制,确保信息的传递准确无误。任何合同执行过程中的变更或问题都应该及时沟通解决,以保持双方合作的良好关系。

(二)资源共享

1.项目间资源共享协商

首先,资源共享的过程始于充分的协商。在资源共享的初期,项目组织者需要首先明确资源的种类和范围。这包括但不限于人力、物资、技术、信息等多方面的资源。明确资源种类是协商的基础,为后续合作提供清晰的方向。

其次,协商的重点之一是明确资源使用的时间。不同项目或企业对资源的需求可能存在时间上的差异,因此协商过程中需要详细讨论并确定资源使用的时间框架。合理的时间规划,可以实现资源的高效利用,避免资源浪费。

再次,资源使用地点也是协商的重要议题。根据各方项目的实际需要,确定资源使用的地点。这可能涉及共享办公空间、生产设备等不同场所。明确地点,可以更好地规划资源的流动和分配。

第四,协商的内容还包括资源使用的条件。这涉及使用权限、安全规定、保密协议等方面的问题。项目组织者需要与其他项目方充分沟通,确保资源使用过程中各项条件得到充分尊重和遵守。这有助于构建合作的信任基础。

第五,在协商的过程中,需明确各方的权责。这包括资源提供方和使用方的权利和责任。明确各自的角色,有助于建立起相互尊重、互利共赢的合作关系。合理的权责划分是资源共享协商的重要保障。

最后,协商的结果需要形成正式的资源共享协议。协议中应包括明确的资源共享条款、时间表、条件等。合同的签署是协商过程的正式确认,也是双方在共享资源过程中的法律保障。协议的建立有助于防范潜在的纠纷,确保资源共享的有序进行。

2.共享规则和管理方法制定

首先,为了确保资源共享的有序进行,项目组织者首先需要制定明确的共享规则。这涉及资源的预约机制,即如何确定和安排资源的使用时间。建立有效的预约机制,可以避免资源的过度争夺和冲突,确保资源能够在合理的时间内得到充分利用。

其次,共享规则中需要明确资源的使用权限。这包括哪些项目或团队有权使用共享资源,以及使用的范围和条件。明确使用权限,可以避免资源被未授权的项目占用,确保资源的合理分配和利用。

再次,共享规则中需要考虑费用分摊的问题。资源的共享可能涉及费用的支出,例如共同使用的办公空间、设备等。项目组织者需要与合作方协商并明确费用分摊的原则和方式,确保各方公平分担费用,避免因费用问题引起的纠纷。

第四,共享规则中应该考虑资源的安全管理。这包括资源的保密性、安全使用规范等方面的规定。建立健全的安全管理制度，可以确保共享资源的使用过程中不发生信息泄露或不当使用的问题，维护合作关系的稳定性。

第五，共享规则中需要明确资源的维护责任。合作方在使用共享资源的过程中可能对资源造成一定的磨损或损坏，项目组织者需要规定明确的维护责任，确保资源得到妥善保养，延长资源的使用寿命。

最后，为了有效地管理共享资源，项目组织者需要制定相应的管理方法。这包括建立资源使用的监控系统、制定使用报告机制、定期评估共享效益等。通过这些管理方法，项目组织者可以及时发现和解决资源共享中的问题，确保资源的高效利用。

3.共享人力资源的协同工作

首先，共享人力资源的协同工作始于明确的任务分配。项目组织者首先需要明确共享人力资源的具体技能、专业背景和能力，以便更好地进行任务匹配。合理的任务分配，能确保每个项目都能充分利用共享人力资源，提高工作效率。

其次，协同工作中需要建立有效的沟通协作机制。共享人力资源涉及不同项目组织间的协同工作，因此高效的沟通是成功合作的关键。建立定期的沟通渠道、使用协同工具、明确沟通方式，可以促进信息的及时传递和项目间的紧密合作。

再次，共享人力资源的协同工作中，需要设立明确的目标和绩效评估体系。项目组织者应与共享人力资源的项目方共同确定工作目标，并建立绩效评估机制。明确的目标和绩效评估，可以促使共享人力资源更专注、高效地完成工作任务。

第四，在协同工作中，项目组织者需要注重团队文化的建设。共享人力资源来自不同的项目组织，具有不同的文化背景和工作风格。积极的团队文化建设，可以提高团队的凝聚力，促进成员间更好地合作和理解。

第五，协同工作中，项目组织者需要建立灵活的工作流程。因为共享人力资源可能同时服务于多个项目，工作流程的灵活性可以更好地适应不同项目的需求。建立灵活的工作流程，有助于共享人力资源更加顺畅地参与不同项目的工作。

最后，协同工作的成功也需要建立正式的合作框架。共享人力资源的合作可以通过正式的合同和协议来明确各方的权利和责任。建立稳固的合作框架有助于防范潜在的合作纠纷，确保协同工作的有序进行。

（三）管理和合作机制

1.设备租赁管理机制

首先，设备租赁管理的核心是建立完善的设备监控系统。项目组织者需要采用现代化的监控技术，实时追踪设备的运行状态、使用频率和性能表现。监控系统，可以及时发现设备可能存在的问题，提前进行预防性维护，确保设备的稳定运行。

其次，项目组织者需要制订定期维护计划。定期维护是设备保持良好运行状态的关键步骤。制订详细的维护计划，包括更换易损件、润滑部件、清洁和校准等工作。定期维护可以延长设备的寿命，提高设备的工作效率和安全性。

再次，租金支付管理是设备租赁管理机制中的重要一环。项目组织者需要建立清晰的租金支付流程，明确支付周期、支付方式和相关费用。建立有效的支付管理机制，可以确保租金按时足额支付，维护租赁合同的稳定执行。

第四，设备的使用报告和记录是管理机制的重要组成部分。项目组织者需要建立设备使用的详细记录，包括使用时间、频率、维护情况等。这些记录不仅有助于实时了解设备的使用情况，还为未来的决策提供数据支持。

第五，管理机制中需要考虑设备退租的问题。项目组织者需要建立明确的设备退租规定，包括退租流程、检查标准和费用结算等。规范的退租管理，可以确保设备的顺利返还，避免争议和纠纷。

最后，项目组织者需要建立紧急应急预案。考虑到设备租赁中可能发生的突发情况，制定紧急应急预案是至关重要的。预案中应包括设备故障、损坏、意外事件等各种突发情况的处理步骤和责任划分，以确保迅速、有效地解决问题。

2.资源共享合作机制

首先，资源共享合作机制的建立始于明确的共享规则。项目组织者与合作伙伴需要共同制定明确的规则，包括资源的种类、使用条件、共享周期等。清晰的规则可以减少合作过程中的不确定性，为双方建立信任基础。

其次，合作机制中需要设立有效的资源监控系统。这涉及资源使用情况的实时追踪和数据记录。通过监控系统，项目组织者可以了解资源的实际使用情况，及时发现问题并采取相应的调整措施。这有助于确保资源的合理利用，提高合作效率。

再次，资源共享合作机制中需要建立灵活的调整机制。由于合作伙伴的需求可能随时发生变化，项目组织者需要设定调整规则，以便根据实际情况灵活调整资源的分配和使用。这有助于适应外部环境的变化，使合作更具弹性。

第四，合作机制中需要建立双向沟通的渠道。充分的沟通有助于解决潜在的合作纠纷，双方可以及时交流合作情况、反馈意见和提出调整建议。建立有效的沟通机制，有助于维护良好的合作关系，防范潜在的矛盾。

第五，在合作机制中，项目组织者需要建立共享成果的分配机制。共享的资源所产生的成果应该按照事先明确的分配规则进行分配。这有助于保持合作的公平性和透明度，避免因资源分配不公引起的合作问题。

最后，合作机制中需要建立共享合同和协议。详细的合同和协议应明确双方的权利和责任，包括资源的使用期限、费用分摊、合作终止条件等。合同的签订有助于规范合作行为，确保双方的合法权益。

思考题

1. 资源管理和供应链管理在土木工程项目中的作用是什么？

2. 你认为如何优化物料和设备管理？

模块五　质量管理与安全管理

项目一　质量管理体系

一、质量管理体系概述

（一）质量管理体系的定义与目标

质量管理体系是土木工程项目中确保项目达到规定质量标准的核心组成部分。其目标在于通过系统性的管理方法和工具，全面管理和监督项目的质量，确保项目在整个生命周期内都能够满足相关的质量标准。质量管理体系涵盖了质量计划、质量控制、质量评估和质量改进等方面的内容，为施工单位提供了全面的质量管理框架。

（二）质量管理体系的组成

质量管理体系由质量计划、质量控制、质量评估和质量改进四个主要组成部分构成。每个部分都有着特定的职责和功能，共同构建了一个有机的质量管理体系，确保项目的质量得到全面的关注和管理。

二、质量计划

（一）制订质量计划的背景与意义

制订质量计划是质量管理体系的起点，它为整个项目提供了明确的质量目标、标准和控制措施。质量计划的编制需要充分考虑项目的特点、技术要求及法规标准，确保计划的可行性和有效性。一个良好的质量计划是项目成功实施的基础。

（二）质量计划的内容和要素

质量计划的内容包括项目的质量目标、质量标准、质量控制措施等方面的详细说明。要素涉及项目特殊要求、质量检测方法、验收标准、文件管理等。质量计划是项目组织者与相关利益方共同制定的文件，其详细和全面的内容为项目的质量管理提供了有力的指导。

（三）质量计划的制订流程

质量计划的制订流程包括确定计划的范围、明确质量目标、制订详细的计划内容、与相关利益方进行沟通和确认等步骤。在整个流程中，我们需要建立有效的沟通机制，确保所有相关方对质量计划的理解和认可，为后续的实施奠定基础。

三、质量控制

（一）质量控制的定义与作用

质量控制是土木工程项目中保障质量的重要环节。其核心任务是对施工材料、工艺和施工过程进行监督和检查，确保项目在每个阶段都符合规定的标准。通过质量控制，我们可以及时发现和纠正施工中的质量问题，确保项目质量的稳定和可控。

（二）质量控制的工具和手段

质量控制需要建立有效的检测和测试程序，包括使用一系列的工具和手段对项目进行全面检测。这些工具和手段涵盖了材料检测、工艺流程监控、现场检查等方面。同时，现代技术如传感器、远程监控等也被广泛引入，提高了质量控制的精度和效率。

（三）质量控制的实施流程

质量控制的实施流程包括确定控制点、设定控制标准、实施监控和检查等步骤。在质量控制的过程中，我们需要建立合理的记录和档案，以便对质量执行情况进行跟踪和分析。同时，质量控制需要与其他项目管理流程相互协调，确保项目全面顺利地进行。

四、质量评估

（一）质量评估的定义与意义

质量评估是对整个项目质量状况进行全面审查和评价的过程。通过定期的评估，我们可以了解项目的质量执行情况，及时发现潜在问题并制定改进措施。质量评估需要依据项目计划和质量标准，采用科学的评估方法，形成全面的评估报告。

（二）质量评估的方法和技术

质量评估的方法和技术包括定性和定量两个方面。定性评估主要通过专业人员的经验和判断，对项目的质量状况进行总体把握。定量评估则依赖于数据的收集和分析，通过各种评估工具如质量指标体系、质量成本分析等，对项目进行细致深入的量化评估。

（三）质量评估的流程和周期

质量评估的流程包括确定评估的范围、制订评估计划、数据收集和分析、撰写评估报告等步骤。评估的周期需要根据项目的特点和实际情况而定，一般建议在项目的重要阶段或阶段结束时进行。评估的周期性有助于对项目的质量状况进行定期监测和反馈，及时发现和解决潜在问题，确保项目始终处于可控的质量状态。

五、质量改进

（一）质量改进的定义与目标

质量改进是质量管理体系的闭环，其目标在于根据质量评估和实际执行情况，制订质量改进计划，提升整体项目质量水平。质量改进的范围广泛，可以包括改进工艺流程、优化管理方法、提升员工培训水平等多个方面。不断迭代、提高项目质量水平，确保项目在竞争激烈的市场中保持领先地位。

（二）质量改进的方法和手段

质量改进的方法和手段包括根本原因分析、持续改进、知识管理等。根本原因分析通过深入挖掘问题的根本原因，避免仅仅解决表面问题。持续改进是一种持续优化的理念，通过不断地寻找和推动改进的机会，提高项目的整体绩效。知识管理则通过收集、整理和传递项目中的经验教训，为未来的项目提供借鉴和参考。

（三）质量改进的实施流程

质量改进的实施流程包括问题识别、目标设定、方案制定、实施和监测等多个阶段。在问题识别阶段，通过质量评估和项目执行中的问题反馈，明确改进的方向。目标设定阶段需要制定明确的改进目标，以便后续的方案制定。方案制定阶段涉及具体的改进措施的设计和计划。实施和监测阶段需要确保改进方案的有效执行，并通过监测数据对改进效果进行评估。

项目二 质量控制与保证

一、质量控制

（一）质量控制的定义与意义

质量控制是土木工程项目中确保项目符合质量要求的关键环节。它通过制订详细的检查计划，对施工材料、工艺和施工过程进行监督和检查，以确保项目各个阶段都符合相关的标准和规定。质量控制的主要目的是及时发现和纠正潜在的质量问题，确保项目能够按照既定标准高质量地完成。

（二）质量控制计划的制订

1.计划范围的明确

质量控制计划的制订从明确计划范围开始。这包括项目的整体质量目标、相关标准和法规的要求，以及需要进行质量控制的具体阶段和环节。

2.制订检查计划

在制订质量控制计划时，需要详细制订检查计划。这包括对原材料的检验、工艺流程的监控、成品的抽样检测等。检查计划应明确检查的频率、方法、责任人等具体细节。

3.制定问题解决流程

质量控制计划还应包括问题解决流程，即在发现质量问题时，应该如何及时处理和解决。这涉及问题的报告、记录、分析和改进措施的制定。

（三）质量控制的执行与监控

1.检查与监控

执行质量控制计划是质量控制的实质。这包括对原材料、工艺流程、成品等进行检查与监控，确保它们符合预定的质量标准。

2.数据记录与分析

在执行过程中，我们需要进行数据记录与分析。这包括记录检查结果、问题发现情况，以及对这些数据的分析，以便发现潜在的趋势和问题的根本原因。

3.持续改进

质量控制的监控过程应当包括对整个质量控制计划的持续改进。不断总结经验教训、优化检查计划和解决问题的流程，提高质量控制的效率和效果。

二、质量保证

质量保证是通过规范化的质量管理手段，提高土木工程项目施工质量的可靠性和稳定性。与质量控制侧重于发现和纠正问题不同，质量保证侧重于通过规范化和标准化的管理手段，预防问题的发生，确保整个过程符合事先设定的质量标准。质量保证通过整体层面对项目质量进行规划和管理，以提高项目的整体质量水平。

（一）质量保证计划的制订

1.质量标准的设定

质量保证计划的制订始于质量标准的设定。这包括对项目的整体质量目标、相关法规和标准的理解，并在此基础上明确项目的质量标准。

2.制定质量管理流程

质量保证计划需要制定质量管理流程，确保项目的每个阶段都按照事先设定的标准进行。这包括规范的施工流程、质量标准的落实、数据的收集与分析等。

3.制订培训计划

为了保证项目团队的质量意识和技术水平，质量保证计划应包括培训计划。培训计划涉及项目团队成员的培训需求分析、培训计划的设计与实施，以提升团队的整体素质。

（二）质量保证的执行与监控

1.流程执行与监控

执行质量保证计划是保证项目质量的关键步骤。这包括对质量标准的执行、流程的实施等方面。监控过程应包括对执行情况的实时监测和记录。

2.数据分析与评估

在执行过程中，我们需要进行数据分析与评估。这包括对项目整体质量指标的分析，以及对各个流程、阶段的评估，以发现潜在的问题和改进机会。

3.持续改进

质量保证的监控过程应包括对整个质量保证计划的持续改进。不断总结经验、优化流程和解决问题，提高质量保证的效率和效果。

项目三　安全管理体系和施工安全控制

一、安全管理体系概述

安全管理体系是土木工程项目中确保施工过程中人员和财产安全的核心组成部分。其目标在于通过系统性的管理方法和工具，有效预防事故的发生，最大程度地确保施工现场的安全。安全管理体系涵盖了多个方面，包括安全计划、安全组织、安全培训和安全监测等，构建了一个全面的安全管理框架。

（一）安全计划

安全计划是安全管理体系的制定和执行的依据。在安全计划中，我们需要全面考虑项目的特点、法规标准、施工环境等因素，明确安全目标和相应的控制措施。安全计划不仅涉及整体施工阶段的安全要求，还包括高风险作业的特殊安全措施、应急预案等，为安全管理提供了具体指导。

（二）安全组织

安全组织是安全管理体系的核心。它包括明确责任、设立安全岗位、建立安全委员会等方面。建立完善的安全组织，可以确保安全管理的有效实施。良好的安全组织结构能够促使责任人充分履行职责，及时响应和处置安全事件，提高施工现场的整体安全性。

（三）安全培训

安全培训是确保施工人员具备必要安全知识和技能的关键环节。在施工前，我们需要对施工人员进行全面的安全培训，包括工艺流程的安全操作、紧急情况的应急处理等。定期的安全培训有助于增强施工人员的安全意识，降低事故发生的概率。

（四）安全监测

安全监测是对施工现场安全状况进行实时监控和评估的手段。安全监测系统，可以对施工现场的安全环境、作业过程进行全面监测，及时发现潜在的安全隐患。现代技术如视频监控、传感器等的应用提高了监测的准确性和实时性，为安全管理提供了更有力的支持。

二、安全计划

（一）安全计划的制订

1.综合考虑项目特点

在制订安全计划时，我们需要全面考虑项目的特点。这包括项目的规模、施工环境、工程类型等因素，以便制订出符合实际情况的安全计划。

2.法规标准的遵循

安全计划的制订必须遵循相关法规标准。明确法规标准的要求，确保安全计划在法规框架内，提高安全管理的合规性。

3.安全目标的明确

安全计划应明确具体的安全目标。这包括项目整体的安全目标，以及各个施工阶段的安全目标。安全目标的明确有助于为后续的控制措施提供指导。

（二）安全计划的执行

1.控制措施的实施

安全计划的执行需要实施各项控制措施。这包括但不限于施工现场的安全防护措施、高风险作业的专门安全措施等。实施这些控制措施，能有效降低施工风险，确保施工过程中的安全。

2.高风险作业的特殊措施

对于高风险作业，安全计划需要制定特殊的安全措施。这可能涉及专门的培训、使用特殊安全设备等，以最大程度地降低高风险作业的事故发生概率。

3.应急预案的实施

安全计划中应包括应急预案的制定。在执行过程中，特别是在发生紧急情况时，我们需要按照应急预案迅速响应，采取有效措施，最大限度地减小事故损失。

（三）安全计划的评估与改进

1.定期评估安全计划

安全计划的评估是安全管理的持续性过程。定期对安全计划进行评估，可以了解执行情况、发现问题和改进的机会，确保安全计划的实效性。

2.持续改进安全计划

通过评估的结果，需要及时制定改进措施。这可能包括对控制措施的优化、应急预案的修订、安全培训的更新等方面的改进。持续改进安全计划，确保其与项目实际情况保持一致，提高安全管理的针对性和实用性。

三、安全组织

（一）建立完善的安全组织结构

1.明确责任

在安全组织中，我们需要明确各个岗位的责任。责任的明确性有助于确保每个成员充分履行自己的职责，从而提高整个项目组织的安全管理水平。

2.设立安全岗位

安全组织中应设立专门的安全岗位。这些岗位可能包括安全主管、安全员等，他们负责监督和协调项目的安全管理工作，推动安全计划的执行。

3.建立安全委员会

建立安全委员会是安全组织的一项重要措施。安全委员会可以由项目管理人员、安全专家和施工人员代表组成，协商、决策与推动项目的安全工作，形成协同合作的安全管理机制。

（二）确保安全管理的实施

1.安全责任体系

在安全组织中，我们需要建立安全责任体系。这包括项目管理人员、各级安全岗位人员和所有施工人员在安全工作中的责任划分，确保每个层级都对安全管理负有责任。

2.安全培训与教育

安全组织应当负责组织和实施安全培训与教育。培训内容包括但不限于安全法规、施工安全操作规程、紧急情况处理等。安全培训有助于增强项目组织成员的安全意识和应急处理能力。

3.安全协调与沟通

安全组织需要建立有效的协调与沟通机制。这包括定期召开安全会议、安排安全例会、建立安全信息发布渠道等，以确保项目组织内部的信息流通，及时传递安全相关信息。

四、安全培训

（一）安全培训的重要性

1.增强安全意识

安全培训是增强施工人员安全意识的有效手段。通过培训，施工人员能够更好地理解安全的重要性，增强自我保护意识，减少事故的发生。

2.掌握安全技能

安全培训还涉及具体的安全技能培养。这包括工艺流程的安全操作、使用安全设备的技能等。通过培训，施工人员能够掌握必要的安全技能，提高工作中的安全性。

3.降低事故发生率

有针对性的安全培训可以帮助施工人员更好地应对突发情况，降低事故发生率。培训内容可以包括紧急情况下的正确逃生方式、急救知识等。

（二）安全培训计划的制订

1.培训需求分析

在制订安全培训计划时，我们需要进行培训需求分析。这包括对施工人员的安全知识、技能水平的评估，以确定培训的重点和内容。

2.制定培训大纲

安全培训计划应制定详细的培训大纲。大纲应包括培训的内容、培训方式、培训时间、培训地点等方面的具体安排，以确保培训计划的有序执行。

3.多层次的培训体系

安全培训计划可以建立多层次的培训体系。这包括初级培训、中级培训和高级培训等不同层次的培训内容，以逐步提高施工人员的安全水平。

项目四　施工安全控制

一、高风险作业安全控制

（一）高风险作业的定义与识别

1.高风险作业的概念

首先，高风险作业的概念是指那些在土木工程项目中具有较大安全风险的作业活动。这些活动涉及可能造成人员伤害、设备损坏或环境污染等风险的操作。典型的高风险作业包括但不限于高空作业、爆破作业、危险品处理等。在这些活动中，人员和设备面临的危险性较高，因此需要特别的安全控制和管理。

其次，高风险作业的管理需要从事前规划开始。在进行高风险作业之前，项目组织者应进行全面的风险评估和作业计划。详细的作业计划，包括作业流程、安全措施、紧急应对措施等，可以预见潜在的风险点，有助于采取相应的预防和保护措施。

再次，高风险作业中需要强化人员的培训和技能。作业人员需要具备专业的技术知识和操作技能，以应对可能出现的紧急情况。培训内容应包括作业规范、安全操作规程、应急处置等方面，确保人员能够熟练而安全地完成高风险作业。

第四，高风险作业需要采取严格的安全控制措施。这包括但不限于使用专业的安全设备、建立安全防护措施、设置安全警示标志等。在高风险作业现场，项目组织者应确保所有的安全设备和措施的有效性，以最大限度地减少潜在的危险因素。

第五，高风险作业现场的管理需要强调团队协同。项目组织者应建立高效的沟通机制，确保作业人员之间能够及时、准确地传递信息。团队成员之间的密切协作有助于迅速应对突发情况，降低事故的发生概率。

最后，高风险作业需要建立完善的事故应对机制，尽管采取了一系列的预防措施，但仍然不能完全消除事故发生的可能性。因此，项目组织者应制订详细的应急计划，包括事故报告流程、紧急救援措施等，以确保在事故发生时能够迅速、有效地应对。

2.高风险作业的识别

首先，高风险作业的识别是土木工程项目安全管理的重要步骤之一。在项目初期，项目组织者需要首先对整个工程进行全面的风险评估。这包括但不限于地质情况、环境因素、施工工艺等多个方面。全面的风险评估，可以初步确定可能存在高风险作业的区域和环节。

其次，项目组织者需要明确项目中存在的高风险作业类型。对各项风险的分析，可以识别出可能涉及高风险的作业活动，如高空作业、爆破作业、有毒物质处理等。对不同类型的高风险作业进行明确分类，有助于针对性地制定安全控制措施。

再次，在高风险作业的识别中，项目组织者需要关注潜在的危险源和风险因素。这可能包括危险化学品的使用、高空高压环境、复杂的地质情况等。对危险源的深入了解，可以更准确地评估高风险作业的潜在风险，为后续的安全控制提供有力的依据。

第四，高风险作业的识别需要与专业人员、安全专家进行充分的沟通和协商。项目组织者应该邀请相关专业人员参与风险评估工作，特别是在涉及复杂工艺、高技术要求的作业中。专业人员的参与有助于全面、深入地了解潜在风险，提高高风险作业的识别准确性。

第五，在高风险作业的识别中，项目组织者可以借助先进的技术手段，如模拟软件、数据分析工具等。这些工具可以帮助项目组织者更科学地分析潜在风险，提高识别的精准度。同时，先进技术的运用也有助于及时发现潜在问题，采取相应的预防和保护措施。

最后，高风险作业的识别是一个动态过程，需要随着项目的推进不断更新和调整。项目组织者应建立起定期的风险评估机制，及时反馈和总结高风险作业的情况，根据实际情况调整安全控制措施，以确保项目的整体安全管理水平。

（二）高风险作业安全控制措施

1.制定详细施工方案

首先，在制定详细施工方案之前，项目组织者需要进行全面的风险评估。这包括对高风险作业涉及的区域、设备、人员等方面的风险进行深入的了解。风险评估，可以明确潜在的危险源和风险因素，为后续施工方案的制定提供科学依据。

其次，详细施工方案需要明确高风险作业的具体步骤。这包括但不限于施工前的准备工作、施工中的操作流程、施工后的清理工作等。每个步骤都需要详细描述，确保作业人员能够按照规定的流程进行操作，降低操作失误的可能性。

再次，施工方案需要详细说明安全要求。这包括对作业人员的技能要求、安全装备的使用规范、紧急情况下的应急程序等方面的规定。安全要求是高风险作业中防范事故的基础，能确保作业人员具备足够的安全意识和应对能力。

第四，施工方案中需要明确的是作业现场的安全措施。这包括但不限于安全防护设施的设置、危险区域的标识、紧急救援通道的规划等。合理设置安全措施，可以最大限度地减少潜在风险，提高作业现场的安全性。

第五，施工方案需要详细规定监测和检测措施。高风险作业可能涉及有毒气体、高温环境等危险因素，因此我们需要建立相应的监测和检测机制。及时发现潜在危险，采取相应的措施，是确保作业安全的重要手段。

第六，施工方案中的紧急处理措施至关重要。对于高风险作业，即便在详细的施工方案下，事故依然可能发生。因此，项目组织者需要明确各类事故的紧急处理措施，包括但不限于事故报告流程、紧急救援程序、应急设备的使用规范等。

最后，制定详细施工方案的过程需要充分的沟通和培训。项目组织者应与作业人员进行充分沟通，确保他们对施工方案的内容和要求有清晰的理解。同时，进行培训，提高作业人员的技能水平和应对能力。

2. 使用符合标准的安全设备

首先，项目组织者需要在安全设备选择上，优先考虑符合国家标准的产品。这保证了设备的设计、制造和使用均符合国家法规和标准，从而提供了高水平的安全性。

其次，安全带作为高风险作业中必备的个人防护装备，其选择和使用尤为重要。符合国家标准的安全带具备耐磨、耐腐蚀、承载力强等特点，能够有效保障作业人员在高空作业中的安全。此外，标准化的安全带设计更加符合人体工程学，能够提供更舒适的佩戴体验，有助于作业人员的长时间工作。

再次，头盔作为防护头部的安全设备，其使用同样需要符合国家标准。标准化的头盔设计能够提供足够的顶部和侧面防护，抵御坠落物体和碰撞带来的危险。符合标准的头盔材料具备一定的抗冲击性，能够在事故中减轻头部受伤的可能性。

第四，防护服的选择也应当符合国家标准，以确保其在高风险环境中的有效性。标准化的防护服通常采用特殊材料，具备防火、防化学品腐蚀等功能。此外，符合标准的防护服在设计上更贴合人体工程学，使得作业人员能够在复杂环境中保持灵活性和舒适性。

第五，使用符合国家标准的安全设备不仅可以降低事故风险，还能够提高事故发生后的救援效率。救援人员通常会根据标准化的安全设备进行培训和操作，这使得他们能够更加熟练地进行紧急救援工作，提高作业人员的生存概率。

最后，在使用符合标准的安全设备时，项目组织者需要定期进行检测和维护。符合标准的安全设备在使用一段时间后可能会出现磨损、老化等情况，定期检测可以及时发现问题，确保设备的有效性。

3.加强现场监测

首先，项目组织者需要在高风险作业现场布置先进的监测设备，包括但不限于摄像头、传感器、测量仪器等。这些设备能够实时记录作业现场的各种数据，为安全决策提供可靠的依据。

其次，实时监测系统，可以对高风险作业地环境进行全面、精准的监测。气象传感器可以实时监测气象条件，包括温度、湿度、风速等，帮助作业人员在复杂环境中提前做好安全防范。此外，传感器还能够监测有毒气体浓度、噪声水平等环境因素，提高对潜在危险的感知能力。

再次，对设备运行状态的实时监测是高风险作业安全性的重要保障。各种传感器可以监测设备的运转情况、工作负荷、温度等参数，及时发现异常情况。这有助于在设备出现故障前采取预防措施，避免事故的发生。

第四，实时监测系统为高风险作业提供了及时的预警机制。当监测数据超出安全范围或设备运行异常时，系统可以自动发出警报，提醒作业人员和管理人员采取紧急措施。这缩短了事故响应时间，有助于最小化事故造成的损失。

第五，现场监测系统，可以实现对作业人员行为的监控。摄像头等设备可以记录作业人员的工作状态、操作行为，确保其遵循安全操作规程。这对于培养良好的安全习惯、纠正不当行为具有积极作用。

最后，实时监测数据的记录和分析有助于事后总结和安全改进。对监测数据的分析，可以发现潜在的安全隐患和作业流程中的改进点，为将来的高风险作业提供经验教训。

二、特殊工艺安全控制

（一）特殊工艺的界定与特点

1.特殊工艺的概念

特殊工艺是指在土木工程中采用的一种相对于常规工艺更为复杂、技术要求更高、风险更大的施工方法。这种工艺可能涉及特殊的材料、设备或施工技术，通常需要经验丰富的专业人员来实施和监控。

（1）复杂性和风险性

特殊工艺的复杂性表现在其施工过程中需要更高水平的技术和专业知识。同时，由于其与常规工艺相比，可能涉及更多未知的因素，因此风险性也相对较高。这包括对材料性能、设备可靠性、环境变化等方面的更高要求。

（2）特殊材料和设备

特殊工艺可能涉及使用非常规或高级的材料，例如特殊合金、高强度材料等，以满足工程的特殊要求。同时，使用特殊设备也是特殊工艺的一个特征，这些设备可能需要定制或专业定期维护。

（3）安全控制的要求

由于特殊工艺的复杂性和风险性，我们对其安全控制的要求更为严格。预先评估潜在的安全风险，制定详细的安全控制方案，确保在施工过程中能够及时、有效地应对可能发生的意外事件。

2.特殊工艺的特点

（1）技术难度较高

特殊工艺通常涉及较高水平的技术难度，可能需要对新兴技术或非传统工艺进行研究和应用。这要求施工团队具备更强的技术实力和创新能力。

（2）风险大

由于特殊工艺往往不确定因素相对较多，其风险性较大。这可能包括材料性能不稳定、设备故障、环境变化等多方面的因素，需要有系统的风险评估和管理措施。

（3）环境复杂

特殊工艺可能涉及工程环境的复杂性，如在海底施工、高海拔地区建设等。这些环境因素增加了施工的难度，也对安全管理提出了更高的要求。

（4）专业人员要求高

为了保证特殊工艺的施工质量和安全性，需要有经验丰富、专业水平较高的工程师和技术人员参与。这些人员需要对特殊工艺的原理、流程和可能出现的问题有深刻的理解。

（5）实施前的全面认识

在采用特殊工艺之前，我们必须对其进行充分的技术、经济和安全等方面的认识。这涉及综合考虑工程的实际情况、所需资源、可行性分析等，确保在实施阶段不会因为缺乏必要信息而导致问题的发生。

（二）特殊工艺安全控制方案

1.制定详细的安全控制方案

（1）风险评估与分析

进行全面的风险评估与分析，明确特殊工艺施工可能面临的各类风险。对潜在风险的识别，为制定控制策略提供准确的基础，确保在实际施工中能够全面考虑各种可能的危险因素。

（2）安全要求与标准

明确特殊工艺施工的安全要求和符合的标准，包括对施工人员、设备、材料等方面的安全标准，确保在实际施工中所有操作都符合最高的安全要求，最大程度降低事故风险。

（3）应急预案的制定

制定详尽的应急预案，包括但不限于事故的分类、应对措施、人员疏散计划、急救流程等，确保在事故发生时可以迅速、有序地采取行动，最大限度地减少伤害和损失。

（4）培训与教育计划

明确培训与教育计划，确保施工人员熟知特殊工艺的操作规程和安全要求。培训内容应涵盖技术操作、应急处理、安全防护等方面，以增强员工的安全意识和操作技能。

2.强化监测与检查

（1）实时监测系统的建立

引入先进的实时监测系统，对特殊工艺施工过程中的关键参数进行实时监测。通过监测系统，项目管理人员能够及时发现异常情况，采取措施防止事故发生，提高施工安全性。

（2）定期检查与维护

建立定期检查与维护机制，对特殊工艺所涉及的设备和材料进行定期检查和维护，确保设备的正常运行，防范可能的故障，降低事故发生的概率。

（3）安全巡查与评估

加强现场安全巡查，由专业人员对施工现场进行定期检查。巡查内容包括工艺流程的合规性、设备运行状态、作业人员的防护措施等，以及时发现潜在的安全隐患。

3.提高现场响应能力

（1）应急演练与模拟

定期进行特殊工艺的应急演练与模拟，模拟各类可能发生的紧急情况。通过演练，提高施工人员的危机处理能力，确保在实际事故中能够迅速做出正确反应。

（2）专业救援队伍的建设

建立专业的救援队伍，包括急救人员、消防人员等，确保他们具备专业技能和经验，能够在紧急情况下迅速展开救援工作，降低伤害和损失。

（3）现场响应培训计划

建立定期的现场响应培训计划，培训施工人员对特殊工艺施工现场紧急情况的应对能力。培训内容包括疏散流程、急救措施、通信方法等，以确保在发生意外情况时能够快速、有效地应对。

三、紧急救援预案

（一）紧急救援预案的必要性

1.突发事件的不可预测性

（1）自然灾害

突发自然灾害，如地震、洪水、火灾等，具有高度不可预测性。这些灾害可能在任何时刻、任何地点发生，而且其规模和影响难以提前确定。因此，制定紧急救援预案是为了在发生此类灾害时，能够立即采取迅速有效的救援措施，最大限度地减少伤亡和财产损失。

（2）人为事故

人为事故，如事故性泄漏、火灾、恐怖袭击等，同样具有不可预测性。这些事件可能由技术故障、恶意破坏等原因引发，而项目管理者需要在这些情况下迅速做出反应。制定紧急救援预案，可以规定人员疏散、急救、资源调配等一系列措施，以确保在事故发生后能够有序应对，减少潜在风险。

（3）系统的应对措施

项目中可能涉及多个层面，包括人员、设备、材料等多方面的资源。针对不同类型的突发事件，需要有系统的应对措施。紧急救援预案将在事前对各种可能的风险进行评估和分类，为每种情况提供详细的救援方案，确保能够在混乱的情境中迅速做出决策，有针对性地展开救援行动。

2.事故发生后的关键时刻

（1）保障人员安全

在事故发生后的关键时刻，最优先的任务是保障人员的生命安全。紧急救援预案通过规定疏散路线、安全避难点等细节，确保人员能够在最短的时间内有序撤离现场，避免发生人员伤亡。

（2）快速、有序的救援工作

紧急救援预案的制定能够确保在事故发生后，救援工作可以迅速展开并有序进行。这涉及人员的组织管理、急救物资的调配、通信设备的使用等方面，通过预先制订计划，可以在最短时间内启动救援工作，降低事故后果。

（3）减少人员伤亡和财产损失

通过制定专业的紧急救援预案，可以在关键时刻迅速采取措施，最大限度地减少人员伤亡和财产损失。这不仅有助于项目的可持续发展，也提高了组织对突发事件的应对能力，符合社会责任感和安全管理的要求。

（二）紧急救援预案的制定与要素

1.制定详细的预案

（1）事故分类与风险评估

在紧急救援预案的制定中，我们首先需要对可能发生的事故进行分类与风险评估。通过系统的分析，我们可以确定不同类型事故的潜在风险和可能的影响，为预案提供有针对性的基础。

（2）救援流程与应急措施

详细制定救援流程，明确各个阶段的操作步骤和责任分工，包括事故发生初期的紧急处理、通知流程、疏散程序等。同时，明确各种应急措施，例如急救方法、应对危险品泄漏的程序等，确保救援工作高效有序进行。

（3）人员疏散路线与安全避难点

制定清晰的人员疏散路线图，并标明安全避难点。考虑到不同事故可能导致场地不同部分的封锁或危险区域，预案应细致考虑不同情况下的最佳疏散路径，以确保人员尽快安全撤离。

（4）急救设备与物资储备

预案应详细列出项目所需的急救设备和物资清单，包括但不限于急救箱、消防器材、通信设备等。同时，明确这些设备的存放位置和使用方法，以便在事故发生时能够迅速获取和使用。

（5）预案测试与修订机制

建立定期的预案测试机制，模拟不同类型的事故场景，评估预案的实际效果。测试结果应被用于指导预案的修订，确保其与实际情况相符，提高应对突发事件的能力。

2.事前演练与培训

（1）实战模拟演练

定期进行实战模拟演练，包括模拟各类事故场景，考察救援人员在压力下的应对能力。这有助于发现预案中存在的问题，提高救援人员的实际操作水平。

（2）人员培训计划

制订全面的人员培训计划，确保救援人员熟练掌握紧急救援预案中的操作流程和技能。培训应覆盖急救、通信、危险品处理等方面，提高团队整体素质。

（3）基于实际案例的培训

引入实际案例进行培训，让救援人员了解真实事故的应对过程和经验教训。这有助于培养他们在实际工作中更为灵活的应对能力。

3.预案的持续改进

（1）实践经验总结

定期总结实际救援工作的经验，包括每次演练和实际应对事故的反馈。通过对实践经验的深入总结，不断完善和更新预案的相关内容。

（2）风险评估与预警系统

建立风险评估与预警系统，及时获取新的风险信息，对预案进行及时修订。这有助于保持预案的实时性，提高其在不断变化的环境中的适用性。

（3）定期演练评估

定期对演练进行评估，分析演练中发现的问题，并根据评估结果调整和更新紧急救援预案，确保预案的持续改进，使其与项目的实际情况保持一致。

通过以上要素的全面考虑，紧急救援预案能够在事故发生时发挥最大作用，保障人员的生命安全和项目的可持续发展。同时，持续改进机制保证了预案的时效性和实用性，为项目提供了更全面、专业的安全保障。

四、安全文化建设

（一）安全文化的概念与重要性

1.安全文化的特征

首先，安全文化具有鲜明的价值导向。这体现在组织对安全的价值观念，以及对员工生命和健康的高度重视。安全文化使得员工在工作中更加注重自身安全，形成共同的价值共识。

其次，安全文化注重组织内外的沟通与合作。在安全文化中，信息畅通、互相合作的氛围能够有效减少安全事故的发生。团队间的协同工作不仅提高了效率，更是一种对安全的共同责任的体现。

再次，安全文化倡导学习与创新。不断的学习与创新是安全文化发展的重要推动力。组织需要从事故中吸取经验教训，积极创新安全管理手段，不断提升自身的安全水平。

最后，安全文化具有长期稳定的特征。建立和发展安全文化是一个长期的过程，需要组织和个体长期的投入和努力。安全文化的建立不是一蹴而就的，而是通过持续的培训、宣传和实践逐步形成的。

2.安全文化的影响因素

安全文化的形成受到多方面因素的影响，其中包括组织内外环境、领导层的作用、员工的参与等。

首先，组织内外环境对安全文化的影响显著。行业的特性、市场竞争状况、法规政策等都会对组织的安全文化产生直接或间接的影响。例如，某些高风险行业更容易形成高度重视安全的文化氛围。

其次，领导层在安全文化建设中起着关键作用。领导层的态度和决策直接影响到整个组织对安全的态度。领导者要以身作则，将安全理念融入组织文化，通过激励和奖励机制激发员工对安全的责任心。

再次，员工的参与是安全文化建设不可或缺的一部分。员工作为组织中的基础单位，他们的安全意识和安全行为对整个组织的安全文化起到决定性的作用。因此，组织需要通过培训、教育等手段激发员工的安全责任感。

最后，组织内部的沟通与合作机制也是影响安全文化的关键因素。一个有效的沟通与合作机制能够使得信息在组织内迅速传递，员工能够及时了解安全风险并采取相应措施。

（二）安全文化建设的策略

1.教育培训

（1）安全培训的重要性

安全文化建设的核心在于通过教育培训，提高项目组织成员对安全的认知水平。安全培训不仅仅是简单的知识传递，更是培养成员的安全意识和技能，使其在工作中能够主动采取安全措施，降低事故风险。

（2）培训内容的设计

安全培训应涵盖多个方面，包括安全法规、事故案例分析、安全技能培训等。深入解析相关法规，通过真实案例分析引导成员思考，以及实际技能培训，都是构建全面安全认知的重要环节。

（3）定期培训的策略

定期性的培训对于安全文化建设至关重要。制订培训计划，确保项目组成员在工作中不断更新安全知识，逐步形成持续学习的习惯。培训的形式可以包括线上线下相结合，以满足不同成员的学习需求。

2.奖惩制度

（1）奖惩制度的角色

建立健全的奖惩制度是促使项目组织成员遵守安全规定的关键。明确的奖惩机制，可以激发成员对安全的主动性，形成厚重的安全氛围，使每个成员在潜移默化中养成良好的安全行为习惯。

（2）奖励机制的设计

奖励机制应当具体、切实可行。例如，根据安全表现优异者给予奖金、荣誉证书或晋升机会，以体现对其贡献的认可。奖励不仅仅是物质上的，也可以包括表彰会议、专业培训等，提升成员的职业满足感。

（3）处罚机制的公正性

处罚机制要公正、合理。明确违规行为与相应的处罚，确保惩罚与过错相称。同时，要建立申诉机制，确保每位成员都有权利表达自己的看法，维护公正和尊严。

3.沟通与参与

（1）定期的安全例会

安全例会是沟通与参与的重要平台。定期召开安全例会，通过分享安全信息、总结事故经验，让成员深入了解安全状况，同时鼓励他们提出安全意见和建议。

（2）倡导开放式沟通

鼓励成员开展开放式沟通，建立平等、互信的沟通氛围。这有助于成员更加主动地分享安全问题，减少信息滞后，形成更快速的安全反馈机制。

（3）团队共识的形成

通过开展沟通与参与，形成团队共识是安全文化建设的目标之一。成员能够参与决策，形成对安全决策的共识感，提高执行力和团队协同性。

（三）安全文化建设的效果评估

1.制定评估指标体系

（1）安全意识水平指标

a.员工安全培训覆盖率

评估员工参与安全培训的程度，以了解安全知识的传递和接受情况。

b.安全意识调查问卷

通过定期的调查问卷，了解员工对安全文化的认知和态度，量化安全意识水平。

（2）事故发生率指标

a.事故频率

统计单位时间内发生的事故次数，反映事故的发生频率，为事故预防提供依据。

b.事故类型分析

对事故进行详细分类和分析，了解事故的类型及其根本原因，为精准的安全措施提供依据。

（3）安全投入产出比指标

a.安全投入

包括安全培训费用、安全设备购置费用等，评估组织对安全的经济支持程度。

b.安全产出

针对事故减少、员工生产力提高等方面评估安全文化建设的产出效果。

2.定期评估与调整

（1）定期评估

a.季度评估

每季度对安全文化建设进行总体评估，包括指标体系内的各项指标，发现问题并制订改进计划。

b.年度综合评估

每年对整个安全文化建设过程进行全面评估，总结经验、找出不足，为下一年度的安全文化建设提供参考。

（2）调整策略

a.根据评估结果调整培训计划

通过评估结果发现培训效果不理想的部分，调整培训内容和形式，提升培训的实效性。

b.事故分析与改进

对发生的事故进行深入分析，找出事故发生的原因，调整相关安全措施，避免类似事故再次发生。

c.优化奖惩机制

根据评估结果，对奖惩机制进行优化，提高奖励的激励力度，同时确保处罚的公正性和威慑力。

（3）持续优化

a.引入新的评估指标

根据实际情况，不断完善评估指标体系，引入新的指标，以适应安全文化建设的发展需求。

b.员工参与度提升

通过定期的安全例会、员工座谈等方式，提高员工对安全文化建设的参与度，形成全员共同推动安全文化的氛围。

c.利用科技手段

借助先进的科技手段，如数据分析、人工智能等，对安全文化建设进行更精准的监测和评估，实现信息化管理。

思考题

1.质量管理和安全管理在土木工程项目中的重要性是什么？

2.你认为如何有效地进行质量和安全管理？

模块六　项目成本与财务管理

项目一　项目成本估算与预算

一、项目成本估算

（一）成本估算概述

1. 成本估算的重要性

首先，成本估算是项目管理的关键一环，对于确保项目的经济效益至关重要。通过对项目整体成本进行系统的预测，项目团队能够更准确地制定预算，并有效地配置资源。这有助于避免在项目执行过程中出现预算不足的情况，从而降低了项目失败的风险。成本估算为项目的财务规划提供了可靠的基础，使项目能够在预定的预算范围内运作，确保投资的有效利用。

其次，成本估算对于资源管理至关重要。通过对各项资源的成本进行估算，项目团队可以更好地理解每个环节的投入和产出，从而在资源分配上做出更明智的决策。这不仅包括人力资源，还包括材料、设备等方面的成本。通过合理的资源配置，项目可以更高效地推进，减少浪费，提高整体效益。

再次，成本估算有助于项目的决策优化。在项目初期，对成本的准确估算，项目团队可以在设计和计划阶段就识别出潜在的成本风险和优化空间。这使得团队能够在项目实施之前就采取相应的措施，防范潜在的问题。成本估算还为项目决策提供了基础数据，使得团队可以在不同的方案之间进行比较，选择最经济、最可行的解决方案。

最后，成本估算有助于建立透明的沟通渠道。在项目初期明确成本估算，可以避免在后期因成本超支或变更而引发不必要的纠纷。透明的成本估算还有助于吸引投资者和利益相关者的信任，使得项目能够更顺利地推进。

2. 考虑因素

首先，项目规模是进行成本估算时的核心因素之一。项目规模的大小直接关系到项目所需资源的使用情况，工程的具体施工范围及最终的成本。在进行估算时，项目管理者必须详细考虑项目的整体规模，包括土木工程的面积、建筑物的高度、道路的长度等。规模越大，项目所需资源的使用就越庞大，相应的成本估算也就更为复杂。因此，深入了解和准确把握项目规模对于成本估算的准确性至关重要。

其次，资源需求是进行成本估算时不可忽视的因素。明确项目所需的人力、材料和设备等资源，要充分考虑资源的供需关系，以确保估算的全面性和准确性。在估算过程中，项目管理者需要详细了解每个环节所需的具体资源种类和数量，确保项目在实施过程中不会因为资源不足而导致成本的不确定性。综合考虑各类资源的需求，对资源的合理分配和利用提供有力支持，从而保证项目的高效实施。

再次，工程量是成本估算中需要详细分析的因素之一。对项目涉及的各项工程量进行仔细研究，包括土建工程、设备安装、人工成本等，以确定全面的成本范围。在进行工程量估算时，项目管理者应考虑各个工程环节的具体要求和标准，确保估算的准确性。对工程量的细致分析，可以更好地理解项目的实际需求，避免因为对工程量估算不足而导致的成本风险。

最后，单位成本是成本估算过程中必须充分考虑的因素。考虑到人工、材料和设备的单位成本，以及可能的波动因素，为成本估算提供更加准确的基础。在确定单位成本时，项目管理者需要考虑市场价格的波动、劳动力成本的变化等因素，以保证估算结果的可靠性。单位成本的准确估算有助于建立可靠的成本模型，为项目决策提供具体的数据支持。

（二）估算方法与工具

1.专家判断法

首先，专家判断法是一种常用的成本估算方法，其在项目管理中的应用涉及多个步骤。需要组建一个专业评审团队，该团队由来自建筑、结构、设备等领域的专家组成，以确保对项目的全面评估。评审团队的多领域组成有助于涵盖项目各个关键领域，确保估算的全面性和准确性。

其次，专家知识和经验的应用是专家判断法的核心。通过充分利用专业知识和经验，评审团队能够对项目进行全面、系统的估算。这包括对项目特定要素的深入了解，以及对行业标准、最佳实践的熟悉。专家判断法的优势在于能够减少主观因素的影响，专业领域的专家能够提供可靠的判断和建议，从而增加成本估算的可信度。

对于专家判断法的进一步深化，可以考虑建立专家库，将更多领域的专家纳入其中，形成一个庞大而多元化的专业网络。这有助于进一步提高专业知识的广度和深度，从而更好地支持成本估算的准确性和全面性。

2.参数估算法

首先，参数估算法是另一种常用的成本估算方法，其应用也包含多个步骤。通过历史项目数据的收集，项目管理团队可以获取并分析与当前项目相似的历史项目的成本数据。这包括类似规模、性质和复杂度的项目。这一步骤的关键在于从历史数据中提取关键的参数，以作为后续成本估算的基础。

其次，将历史项目的参数应用于当前项目，通过参数估算法进行成本估算。这一过程有助于降低估算的不确定性，因为历史数据提供了实际项目执行中的经验教训。参数估算法的优势在于其相对较为直观和快速，适用于在项目早期阶段进行初步估算。

进一步优化参数估算法的方法可以包括建立数据库，以系统性地存储和更新历史项目数据。这样的数据库可以成为项目管理团队的宝贵资源，为未来的估算提供更多的参考和依据。

3.三点估算法

首先，三点估算法是一种常用于项目管理的估算方法，其关键在于通过确定最乐观、最悲观和最可能的估算值，建立成本估算的三点估算模型。这个过程是在项目初期进行的，通常依赖于专家判断和历史数据的分析。最乐观值代表了在最理想情况下的成本估算，最悲观值则代表了在最不利情况下的成本估算，而最可能值则是在中间情况下的估算。

其次，三点估算法通常结合 PERT 方法，即 Program Evaluation and Review Technique。在这一步骤中，对三点估算值进行加权平均，得出最终成本估算值。PERT 方法的核心思想是通过考虑不同估算值的可能性分布，给予概率较高的估算值更大的权重。这样，不同估算值之间的权衡得以体现，最终得到的成本估算值更为全面和可靠。

对于三点估算法的深化，可以考虑引入更多的项目信息和专业知识。例如，在确定最乐观、最悲观和最可能的估算值时，可以不仅仅依赖于历史数据，还要考虑到项目特有的风险和不确定性因素。这可以通过专家访谈、风险评估等手段来获取。在 PERT 方法的应用过程中，我们还可以对不同估算值的概率分布进行更为精细的刻画，以提高最终估算值的准确性。

最后，对于三点估算法的进一步应用，可以考虑结合敏感性分析，评估各估算值对最终结果的影响程度。这有助于项目管理团队更好地了解各估算值的相对重要性，为项目决策提供更全面的参考。

（三）估算结果的风险分析

1.风险因素的识别

首先，风险因素的识别是成本估算过程中至关重要的一步，其中不确定性因素是一个重要方面。不确定性因素包括各种可能导致估算偏差的未知因素，如市场波动、政策变化等。在成本估算的初期，项目管理团队需要仔细分析潜在的不确定性因素，了解它们对成本估算的可能影响。例如，市场波动可能导致原材料价格的波动，政策变化可能带来法规遵从成本的增加。通过对这些不确定性因素的识别，项目管理团队能够更好地制定风险管理策略，降低不确定性对成本估算的影响。

其次，技术风险是另一个需要仔细考虑的风险因素。在成本估算中，项目管理者需要对技术方面的风险进行全面考虑。这包括新技术的应用和技术难题的解决。新技术的引入可能导致成本的不确定性，因为其应用可能伴随着新的设备、培训成本等。另外，技术难题的解决可能需要额外的资源和时间，这也会对成本产生影响。因此，项目管理团队需要在成本估算过程中充分考虑技术方面的风险，并采取相应的风险管理措施，以确保成本估算的准确性和全面性。

对于不确定性因素和技术风险的进一步深化，可以考虑建立风险登记册，系统性地记录各种潜在的风险因素。在这个登记册中，可以包括对每个风险的描述、可能性的评估、影响的程度、应对策略等详细信息。这有助于项目管理团队更好地了解和管理潜在的风险。

此外，我们可以结合专业风险评估工具，如敏感性分析和蒙特卡洛模拟，对不确定性因素和技术风险进行更为深入的分析。这些工具能够提供定量的风险评估，帮助项目管理团队更好地理解风险的概率分布和影响程度。

2.风险应对措施

首先，风险准备金的设立是一项重要的风险应对措施。在项目成本估算的过程中，由于存在不确定性因素和技术风险，我们可能会面临一些不可预见的风险。为了应对这些风险，项目管理团队可以设立一定的风险准备金。这是一种预防性的措施，用于应对可能出现的额外成本或其他影响。风险准备金的设立需要根据风险的概率和影响程度进行合理评估，以确保项目在面临风险时有足够的资金储备，不会因为不可预见的情况而影响项目的正常实施。

其次，制订风险管理计划是另一个重要的风险应对措施。风险管理计划是一个全面的文件，包括对潜在风险的详细分析、风险监控的方法、风险应对策略等内容。在制订风险管理计划时，项目管理团队应该考虑项目的特点、行业标准及之前类似项目的经验教训。风险管理计划不仅要明确可能发生的风险，还要规定团队的应对步骤、责任人及应对时的决策流程。通过制订详细的风险管理计划，项目管理团队可以在面临风险时迅速、有效地做出决策，从而降低潜在风险对项目的影响。

对于风险准备金的设立，我们可以进一步深化，考虑建立一个动态的风险准备金池。这意味着在项目执行过程中，根据风险的实际发生情况，对风险准备金进行灵活调整。这有助于更精准地应对不同阶段可能出现的风险，保障项目资金的最优利用。

对于风险管理计划的制订，我们可以考虑采用风险矩阵等工具，对不同风险的概率和影响程度进行更为细致的评估。这样的工具有助于建立明确的优先级，确保项目团队更有针对性地进行风险管理。

二、预算编制与执行

（一）预算制定

1.成本分析

（1）直接成本分析

对直接涉及项目实施的成本进行细致分析，包括人工、材料、设备等直接消耗成本。

（2）间接成本分析

考虑到项目运营中可能涉及的管理费用、保险费用、税费等各项间接成本，确保全面考虑项目成本的方方面面。

2.资源分配

（1）合理分配

将项目所需的各类资源，包括人力、物资、设备等，按照项目进度和需求进行合理分配，确保各项资源得到充分利用。

（2）优化配置

通过资源优化配置，降低项目成本，提高资源利用效率，确保项目在有限资源下能够达到最优效益。

（二）预算执行与监控

1.成本控制

（1）成本控制机制的建立

建立全面的成本控制机制，包括制订成本控制计划、设定成本控制指标等，明确责任人和执行步骤。

（2）偏差监控与调整

监控实际成本与预算成本的偏差情况，一旦发现偏差，立即采取相应措施进行调整，以保证成本在可控范围内。

2.定期报告

（1）财务报告制定

制定定期的财务报告，详细汇报项目的财务状况，包括成本执行情况、资源利用情况等。

（2）决策支持

通过报告为项目的决策者提供全面的财务数据，支持项目决策的制定与调整，确保项目的经济效益。

3.风险管理

（1）风险评估

对可能影响项目预算执行的风险因素进行评估，建立风险清单，确保对潜在风险的充分考虑。

（2）风险应对

制定相应的风险应对策略，包括风险准备金的设立、紧急情况的处理计划等，以确保项目在面临风险时能够迅速、有效地应对。

项目二　财务管理与成本控制

一、财务管理

（一）资金筹措

1.融资计划

（1）债务融资

制订清晰的债务融资计划，包括借款额度、利率、还款期限等关键信息。选择合适的融资工具，如债券、贷款等，以满足项目各阶段的资金需求。

（2）股权融资

明确股权融资的计划，包括股权分配、估值方法、投资者关系管理等。寻找战略投资者，确保股权融资的有效实施。

2.财务规划

（1）资金流动计划

制订详细的资金流动计划，确保项目在不同阶段有足够的流动性。考虑项目的特殊需求，制订相应的周转计划。

（2）风险管理

建立风险管理机制，对资金筹措过程中的风险进行识别、评估和应对。确保项目资金筹措的安全性和可靠性。

（二）预算编制与费用核算

1.费用核算体系

（1）成本核算

建立全面的成本核算体系，包括直接成本和间接成本。确保所有费用都被纳入核算范围，防范漏项和虚高的情况。

（2）指导成本控制

通过费用核算结果，为项目管理者提供指导性的成本控制信息，及时发现成本超支或低于预期的情况，采取相应措施进行调整。

2.财务报表

（1）资产负债表

编制资产负债表，清晰展示项目资产和负债状况，为项目的健康发展提供基础数据。

（2）利润表

制定利润表，反映项目盈利能力，为投资者和管理层提供财务绩效的评估依据。

（3）现金流量表

编制现金流量表，全面追踪项目的现金流动情况，确保项目有足够的现金储备。

通过精细的资金筹措和财务管理，土木工程项目能够更好地应对各个阶段的资金需求，确保项目的财务健康和可持续发展。

二、成本控制

（一）成本核算

1.成本清单

（1）明细核算

确保成本清单中包含项目各个方面的成本，包括但不限于材料、劳务、设备租赁、运输等。明细核算有助于对成本的全面了解和掌控。

（2）透明度与可追溯性

建立透明的成本清单，确保每一项费用都能够追溯到具体的项目活动或工作包。透明度有助于识别成本来源，为成本控制提供有力支持。

2.成本效益分析

（1）效益评估

对每一项成本进行效益评估，分析支出是否与项目目标和质量标准相符。确保成本支出对项目的推动和提升有实际意义。

（2）费用合理性

评估成本的合理性，避免过高或不必要的支出。通过费用效益分析，确保每一笔费用都为项目带来最大的经济效益。

（二）成本调整与优化

1.调整机制

（1）实时监控

建立实时监控机制，通过先进的信息系统对成本进行实时监测，及时发现成本偏差，采取迅速的调整措施。

（2）预算调整

在项目进行过程中，随着实际情况的变化，及时对成本预算进行调整，确保预算与实际情况保持一致。

2.成本优化

（1）技术创新

通过引入新技术，提高施工效率，降低人力成本和材料浪费。技术创新是成本优化的有效手段。

（2）工艺改进

对施工工艺进行不断改进，提高施工效率，减少资源浪费。工艺改进有助于在不影响项目质量的前提下降低成本。

项目三　资金流管理

一、资金筹措计划

（一）融资方式选择

1.债务融资

（1）银行贷款

a.选择合适的银行合作伙伴

在进行债务融资时，选择合适的银行合作伙伴至关重要。项目团队应该根据银行的信誉、资金实力、服务水平等进行全面评估，确保选择的银行是可信赖的长期合作伙伴。

b.明确贷款额度、利率和还款期限

在与银行合作前，项目团队需要明确贷款的具体条件，包括贷款额度、利率和还款期限。这需要综合考虑项目的资金需求、财务承受能力及市场利率水平等因素，以确保获得最优贷款条件。

c.进行全面的风险评估

在确定贷款条件前，进行全面的风险评估是必要的步骤。项目团队应该考虑利率风险、汇率风险、还款能力风险等各种潜在风险，采取相应的对策以降低风险。

（2）债券发行

a.评估债券市场情况

债券发行需要对债券市场的情况进行全面评估，包括当前市场的利率水平、投资者的风险偏好、市场流动性等因素，通过对市场的深入了解，可以更好地制订债券发行计划。

b.确定债券发行计划

基于市场评估的结果，项目团队应确定债券发行的计划，包括发行规模、发行期限、利率等方面的具体安排。这需要综合考虑项目的资金需求和市场接受程度，以确保债券能够成功发行。

c.确保债券发行方案符合法规要求

在债券发行过程中，确保方案符合相关法规要求是关键的。项目团队需要与法律和金融专业人士合作，确保债券发行方案在法规范围内，以避免潜在的法律风险。

d. 吸引投资者参与

为了确保债券成功发行，项目团队需要采取措施吸引投资者的参与。这可能包括提供有吸引力的利率、明确的还款计划、透明的信息披露等。这些措施，可以增加债券的市场吸引力。

通过选择合适的融资方式，如银行贷款和债券发行，并在融资过程中进行全面的风险评估，项目团队可以更好地满足项目的资金需求，确保融资的顺利进行。

2.股权融资

（1）股权结构规划

a. 明确股权结构

在进行股权融资前，项目团队需要进行股权结构规划。这包括确定各股东的持股比例、控制权分配等。明确的股权结构有助于确保融资后项目的治理和决策机制合理，并避免潜在的纠纷。

b. 风险评估

在规划股权结构时，进行全面的风险评估是必要的。项目团队应该考虑投资者的退出机制、股权变动可能带来的风险等因素，以保证投资者和项目方的共赢。合理的风险评估有助于建立健全的股权结构，减小潜在的不确定性。

c. 共赢机制

确保股权结构规划中有共赢机制，使得项目方和投资者在项目成功的情况下能够共享成果。这可能包括股权回购机制、股息分配政策等，以激励投资者持续支持项目的发展。

（2）股权融资比例

a. 确定股权融资比例

在明确股权结构后，项目团队需要确定股权融资的比例。这涉及平衡项目方和投资者的权益，确保融资后各方利益得到公平分配。具体的融资比例可能基于项目估值、资金需求、市场行情等多方面因素。

b. 建立明确的合作协议

为规范股权融资的流程和条件，项目团队需要建立明确的合作协议。协议中应明确融资的具体条件、投资者的权利和义务、项目方的义务等。这有助于防范潜在的纠纷，提高合作的透明度和可操作性。

c. 投资者退出机制

在合作协议中，明确投资者的退出机制是关键的一步。这包括股权转让的条件、退出时的估值方式、是否设立回购条款等。清晰的退出机制有助于降低投资者的退出成本，提高其参与项目的信心。

通过明确股权结构规划、合理确定股权融资比例，并建立明确的合作协议，项目团队可以更好地进行股权融资，确保各方权益得到充分保障，推动项目的稳健发展。

（二）资金利用计划

1.项目进度关联

（1）阶段性资金需求

a. 资金利用计划与项目进度的结合

在项目进行中，制订详细的资金利用计划，并与项目进度相结合。确保每个阶段的资金需求与实际进度相匹配。这需要项目团队不断监控项目的进展，及时调整资金计划，以适应项目进展的不确定性。阶段性资金需求的合理规划有助于项目的顺利推进，避免因资金不足而影响项目进度。

b. 及时调整资金计划

由于项目的进展可能受到外部环境、市场变化等因素的影响，项目团队需要具备及时调整资金计划的能力。及时的风险评估和对项目进度的监控，可以提前预知潜在的资金需求变动，从而灵活地进行调整，确保项目的持续推进。

c. 项目进度与资金需求的沟通与协调

项目团队应建立起项目进度和资金需求之间的密切关联，实施有效的沟通和协调机制。这包括定期召开项目会议，更新项目进度和资金需求的情况，以确保团队的整体协同作战。

（2）进度支付机制

a. 建立进度支付机制

项目团队需要建立进度支付机制，确保项目按计划推进时能够及时获得相应的资金支持。这涉及与合作方协商明确支付条件，包括支付的时间节点、支付的金额等。建立合理的支付机制有助于维持项目的流动性，提高项目推进的灵活性。

b. 与合作方协商明确支付条件

在与合作方进行资金支付协商时，项目团队应明确支付的条件。这可能涉及项目达到的特定阶段、完成的工作量、达到的业绩指标等。明确的支付条件有助于防范潜在的支付争议，确保项目团队能够按计划获取所需的资金支持。

c. 提高项目的流动性

通过建立健全的进度支付机制，项目团队可以提高项目的流动性，及时获得资金支持有助于应对项目中突发的资金需求，确保项目不受资金短缺的限制，保持稳定的推进态势。

通过关联阶段性资金需求和建立进度支付机制，项目团队能够更好地管理项目的资金流动，确保资金的及时到位，从而有力地支持项目的顺利推进。

2. 紧急资金储备

（1）预算合理性

a. 合理制定项目预算

在项目启动阶段，项目团队应当合理制定项目预算，充分考虑项目各个方面的资金需求，包括可能出现的紧急情况。预算的合理性直接关系到项目的稳健推进，因此需要对项目的各个方面进行仔细估算和规划，确保各项成本得到充分覆盖。

b. 设立一定的紧急资金储备

在预算制定的过程中，项目团队应当设立一定的紧急资金储备，用于应对不可预见的资金需求。这部分资金可以作为项目的安全垫，以防止项目在面临紧急情况时受到重大影响。合理设立紧急资金储备有助于提高项目的应变能力。

（2）风险评估与控制

a. 进行全面的风险评估

在项目进行前，进行全面的风险评估，识别可能导致资金需求增加的风险因素。这包括市场波动、政策变化、自然灾害等各类可能对项目造成不利影响的因素。通过充分的风险评估，项目团队能够更好地了解可能的紧急情况，为之做好充分准备。

b. 建立灵活的应对机制

基于风险评估的结果，项目团队需要建立灵活的应对机制。这包括在预算中留出可调整的空间，设立风险准备金，以确保项目在面临不可预见的资金需求时能够迅速调整资金计划。灵活的应对机制有助于降低风险对项目的负面影响。

通过合理制定项目预算、设立紧急资金储备，以及进行全面的风险评估和建立灵活的应对机制，项目团队能够更好地应对紧急资金需求，确保项目的顺利推进。

二、资金使用与监控

（一）资金支付管理

1. 付款计划

（1）明确支出时间节点

a. 项目进度与付款计划的关联

付款计划的制订需要紧密与项目进度相结合。项目经理应仔细审视项目的整体进度，并在付款计划中明确各项支出的具体时间节点。这确保了资金的及时到位，有助于项目的顺利推进。

b. 确保合理权益

通过明确支出时间节点，可以确保各方的合理权益得到有效保障。合同中的付款条款需要与项目进度一致，以避免任何一方因资金问题而受到损失。这也有助于维护项目各方之间的信任关系。

（2）确定支付金额

a. 合理估算每笔支出

确定支付金额的关键是进行合理估算。项目经理应对每一笔支出进行详细的成本估算，考虑到物料价格、劳动力成本、设备租赁等方面的因素。这确保了支付金额与实际需求相符，避免因估算不足或过度支付而导致的问题。

b. 避免过度支付或资金不足的情况

在确定支付金额时，项目经理应保持谨慎，避免过度支付或资金不足的情况发生。过度支付可能导致项目后期资金紧张，而资金不足则可能影响项目的正常推进。合理估算和仔细监控，可以有效规避这些潜在的风险。

c. 考虑变更和附加工作的影响

在确定支付金额时，项目管理者还需考虑项目中可能出现的变更和附加工作。这些额外的工作可能导致成本的调整，因此在制订付款计划时要考虑这些潜在的变动，以确保支付金额能够充分覆盖所有可能的支出。

通过明确支出时间节点和确定支付金额，付款计划可以更加科学合理地制订，以确保项目稳健的财务管理，从而为项目的成功实施提供坚实的财务基础。

2.支付审批流程

（1）设立明确的审批层级

a.建立支付审批流程

支付审批流程是项目财务管理中的重要环节。项目经理应建立明确的支付审批流程，包括每一步的审批程序和相关的责任人。这有助于确保支付过程的透明度和合规性。

b.明确审批层级和权限

在支付审批流程中，项目管理者需要设立明确的审批层级和权限。不同金额的支付可能需要不同层级的审批，确保高额支付经过更高级别的管理层审批，提高财务决策的可控性。同时，设立不同层级的审批权限，确保每一笔支付都经过必要的审批程序。

c.审批程序的流程化

为了提高审批效率，审批程序应该被流程化和标准化。建立明确的审批步骤和标准化的审批表格，以确保每一位审批人员都按照规定的程序进行审批。这有助于减少审批过程中的误差和延误。

（2）合规性审查

a.支付前的合规性审查

在支付之前，进行合规性审查是至关重要的步骤。项目财务团队应该对每一笔支付进行仔细审查，确保支付符合相关法规和合同约定。这包括核对合同条款、确认收到相应的服务或产品、验证相关发票的真实性等。

b.确保法规和合同遵从

合规性审查的目标是确保支付的合法性和合规性。项目经理和财务团队需要密切关注国家和地区的相关法规，并确保支付流程符合法规的要求。同时，合同约定也是审查的关键点，以确保支付的合同履行是符合双方协议的。

c.防范潜在法律风险

合规性审查，可以有效防范潜在的法律风险。及时发现和修改合同条款的不合规之处，避免可能导致法律争端的问题。这有助于维护项目的声誉和稳定的合作关系。

通过设立明确的审批层级和进行合规性审查，支付流程可以更加规范和可控，有助于项目财务管理的高效运作，同时减少了潜在的法律和财务风险。

（二）资金监控与风险防范

1.资金监控系统

（1）实时追踪资金流动

a.建立全面的资金监控系统

资金监控系统应该是全面、细致的，能够覆盖项目中各个方面的资金流动。这包括项目支出、收入、贷款、投资等各个方面。系统的建立需要充分考虑项目的特点和资金流动的复杂性。

b.实时追踪资金流入和流出情况

系统应该具备实时追踪资金流动的功能，确保项目经理和财务团队能够随时了解项目的资金状况。这有助于及时做出决策，防范潜在的资金问题，确保项目稳健的财务管理。

c. 整合各个财务数据源

为了实现实时追踪，资金监控系统需要能够整合各个财务数据源，包括银行账户、财务软件、项目管理工具等。整合可以展现全局的资金视图，避免信息孤岛，提高监控的准确性和可靠性。

（2）设置预警机制

a. 明确异常情况的定义

在资金监控系统中，需要明确异常情况的定义，例如资金短缺、超支等。这有助于系统更精准地捕捉异常情况，避免对正常资金流动的误报。

b. 设定预警阈值

为了及时发现潜在问题，预警机制需要设定合理的预警阈值。这些阈值可以基于项目的预算、历史数据、行业标准等进行设定。一旦资金流动超出设定的范围，系统将自动触发预警。

c. 迅速反应和决策

预警机制的目标是在出现异常情况时能够迅速做出反应。系统应该配备相应的通知和报警机制，以便项目经理和财务团队能够迅速收到预警信息，采取紧急措施，防范资金风险。

通过建立实时追踪资金流动和设置预警机制，资金监控系统能够更加全面地保障项目的财务安全，确保项目的稳健运作。

2. 风险防范措施

（1）风险评估与分类

a. 全面评估潜在资金风险

在项目启动阶段，进行全面的资金风险评估是必不可少的。项目团队应该仔细分析项目中可能面临的各种资金风险，包括但不限于资金短缺、汇率波动、市场变化等。这有助于明确潜在风险的性质和影响程度。

b. 分类区分风险

评估后，将资金风险进行分类区分。这可以基于风险的来源、性质、影响范围等因素进行划分。例如，将市场风险、执行风险、财务风险等划分为不同类别，有针对性地采取相应的防范措施。

c. 采取相应的防范措施

每类风险都需要有具体的防范措施。这可能包括建立风险应对基金、采用金融衍生工具进行风险对冲、与供应商签订灵活的合同条款等。有针对性的防范措施，可以有效降低各类资金风险的发生概率和影响程度。

（2）应急处理预案

a. 制定详细的应急处理预案

在风险评估的基础上，项目团队应制定详细的资金风险应急处理预案。这包括清晰的预警信号、紧急联系人名单、紧急决策流程等。预案需要全面考虑各种可能的资金问题，并设定相应的解决方案。

b. 明确各方责任

应急处理预案中应明确各方的责任，包括财务团队、项目经理、高层管理人员等在内的相关人员需要知晓其在应急情况下的职责和任务。这有助于在发生资金问题时迅速、有效地响应，减小损失。

c. 定期演练和更新

为确保应急处理预案的实施效果，项目团队需要定期进行演练。演练可以帮助团队成员熟悉应急流程，检验预案的可行性。同时，随着项目的推进，预案需要根据实际情况进行更新和完善，以确保其始终具有实际操作性。

通过风险评估与分类、应急处理预案的制定，项目团队能够更好地应对各类资金风险，提高项目的抗风险能力，确保资金管理的安全性和稳定性。

思考题

1. 项目成本估算的方法有哪些？
2. 你认为该如何有效地进行项目资金流管理？

模块七 人力资源与团队管理

项目一 施工团队建设

一、施工团队组织与构建

（一）明确项目规模和要求

1.项目规模的定义与影响因素

首先，项目经理需要明确定义土木工程项目的规模。这包括工程的总体大小、涉及的建筑面积、所需的基础设施等。其次，项目经理需要考虑到项目的复杂性和特殊要求，这些因素将直接影响到施工团队的规模和构建。

2.项目规模对施工团队的影响

项目规模不仅仅是指项目的物理尺寸，还包括项目的复杂性和技术难度。一个大规模、复杂的项目可能需要更大规模的团队，涉及更多的专业领域和技术要求。因此，明确项目规模对于确定施工团队的规模和结构至关重要。

（二）确定施工团队的职能角色

1.项目经理的角色与责任

在确定施工团队的职能角色时，首要考虑的是项目经理的角色和责任。项目经理负责整个项目的规划、组织、协调和控制，需要具备领导力和全局视野，以确保项目的成功推进。

2.各职能角色的明确定位

根据项目的性质，需要明确定位施工团队中各个职能角色。工程师负责具体的技术实施，技术专家可能涉及某一特定领域的深度知识，监督员则负责项目现场的监督和安全管理。明确各职能角色的定位有助于避免工作职责的重叠和冲突。

（三）关注协作和沟通能力

1.协作能力的重要性

在构建施工团队时，协作能力是一个至关重要的因素。团队成员需要能够有效地协同工作，共同推动项目的顺利进行。这涉及团队成员之间的相互支持、信息共享和紧密合作。

2.沟通技巧的培养

除了专业技能外，团队成员的沟通技巧也至关重要。良好的沟通能力有助于团队成员更清晰地理解项目目标、任务分配和工作计划。定期的团队会议和有效的信息传递渠道可以促进良好的团队沟通。

通过明确项目规模和要求，确定施工团队的职能角色，以及关注协作和沟通能力，项目团队能够更好地组织和构建一个适应项目需求的高效团队。

二、团队招募与筛选

（一）挑选具备相关经验和专业知识的人才

1.建立明确的招募标准

在团队的招募过程中，项目经理首先需要建立明确的招募标准。这包括确定所需岗位的技能和经验要求，明确招募对象应当具备的专业知识和技术能力。制定清晰的标准，可以更有针对性地筛选合适的人才。

2.面试流程与技能测试

为了确保招募到的团队成员具备必要的技术能力和团队合作精神，项目经理应设计有效的面试流程和技能测试。面试可以通过与候选人的深入交流来了解其在相关领域的经验和专业知识。技能测试可以进一步验证候选人的实际操作能力，确保其能够胜任项目需要。

（二）注重团队的多元化

1.多元化的意义与优势

在团队构建中，注重团队的多元化对于提高创造性和适应性至关重要。多元化不仅涉及专业背景的差异，还包括文化、经验和思维方式的多样性。多元化的团队能够从不同的视角看待问题，促进创新，并在解决复杂问题时提供更全面的解决方案。

2.招募中的多元化考量

在招募过程中，项目经理应当有意识地考虑团队的多元化。这可以通过在招募广告中明确表示欢迎不同背景的人才，主动寻找具有不同文化和经验的候选人，以及在招募流程中进行综合评估来实现。确保团队的多元化有助于提升团队整体的创造力和执行力。

三、团队培训

（一）专业培训的重要性

1.项目成功的基石

专业培训在团队建设中扮演着不可或缺的角色。它是确保团队成员具备项目所需技能和知识的基石，直接关系到项目的成功执行。项目经理应当认识到，投资于团队的专业培训是为项目未来的顺利进行打下坚实的基础。

2.提高团队的综合素养

通过专业培训，团队成员将能够深入了解项目的要求、掌握先进的工程技术和最佳的管理方法。这种全面性的培训有助于提高团队的综合素养，使其能够更好地应对项目中的复杂挑战。专业培训不仅关注于技术层面，还包括项目管理的软技能，如沟通、领导力和问题解决能力。

（二）培训内容的全面性

1.项目管理技能的培训

项目管理是团队协同工作的关键。培训内容应包括项目计划编制、进度控制、风险管理等方面的知识。通过系统的项目管理培训，团队成员能够更好地协同工作，确保项目按照计划有序推进。

2. 安全培训的重要性

在土木工程项目中，安全是至关重要的考量因素。培训内容应涵盖工地安全知识、紧急处理程序等方面，以确保团队成员在施工过程中能够保障自身和他人的安全。增强团队的安全意识，有助于预防事故和保障项目的顺利进行。

3. 工程技术的不断更新

土木工程领域的技术不断发展，因此，团队成员需要持续学习和更新自己的技术知识。培训内容应涵盖最新的工程技术、施工方法和材料应用等方面，确保团队在项目中能够应对最新的行业趋势。

四、团队管理

（一）领导力的重要性

1. 领导力是高效团队运作的关键

在土木工程项目中，领导力是确保施工团队高效运作的关键环节。项目经理作为团队的领导者，需要具备卓越的领导力，能够有效地激发团队成员的积极性和团队凝聚力，推动项目朝着成功的方向前进。

2. 激发团队积极性

领导力的一项重要任务是激发团队成员的积极性。通过激励机制、激情演讲等手段，项目经理可以激发团队成员的工作动力，使他们投入项目中，追求卓越的表现。

（二）透明的沟通和明确的目标

1. 建立开放的沟通渠道

透明的沟通是确保团队协同工作的基础。项目经理应确保与团队成员之间建立开放、畅通的沟通渠道，通过定期团队会议、沟通平台等方式，及时传达项目的进展、目标和期望，使团队成员能够明确项目的方向。

2. 明确项目目标和期望

明确的项目目标是团队凝聚力的源泉。项目经理应当清晰地传达项目的整体目标和期望，使团队成员在工作中能够对目标有清晰的认识。明确的目标有助于提高团队的执行力，使每个成员都能够为共同目标努力。

（三）任务分配与绩效管理

1. 合理的任务分配

任务分配是团队管理的核心之一。项目经理应根据团队成员的技能、经验和专业领域，合理分配任务，使每个成员都能够发挥其最大的潜力。合理的任务分配有助于提高工作效率，确保项目按计划推进。

2. 建立绩效管理体系

绩效管理是团队管理的重要手段。项目经理应建立绩效管理体系，对团队成员的表现进行定期评估。通过及时的反馈和发展机会，激励团队成员不断提升自身的工作水平，推动整个团队的发展。

（四）冲突解决与团队建设

1.冲突解决能力的重要性

冲突在团队中难以避免，但项目经理需要具备良好的冲突解决能力。通过沟通、协商和调解，项目经理可以及时处理团队内部的分歧，防止冲突对项目产生负面影响。

2.团队建设活动的推动

团队建设活动是加强团队协作和凝聚力的有效手段。项目经理可以组织各类团队建设活动，如团队培训、团队拓展等，促进团队成员之间的交流与合作，加强团队的凝聚力和协同效能。

项目二　人力资源管理

一、人员招募与选拔

（一）招募策略的制定

1.明确招募的职位和技能要求

在人员招募的初期，项目管理团队需要通过与业务部门和项目团队的充分沟通，明确招募的职位和所需的技能要求。这一步是确保招募计划与项目目标相一致的基础，通过以下子步骤展开：

（1）业务部门沟通

与业务部门的密切沟通是确保招募需求准确的关键。项目管理团队应与业务部门负责人共同审视项目的工作量、项目周期、特殊技能需求等，以全面了解招募的职位类型。

示例：项目管理团队可以与业务部门负责人召开会议，详细了解当前和未来项目的技术和人员需求，以便精准制订招募计划。

（2）项目团队需求分析

项目管理团队还应与项目团队成员交流，详细了解当前团队的构成、人员分工及项目中可能出现的技能缺口。这有助于明确新招募成员的角色和技能要求。

示例：通过团队会议或个别面谈，项目管理团队可以与现有团队成员讨论项目中可能需要增补的技能，以确定新招募人员的职位和技能需求。

2.考虑市场竞争状况和员工福利

制定招募策略时，项目管理团队需要考虑市场竞争状况和员工福利，以确保招聘计划的顺利进行。以下是详细展开的步骤：

（1）市场薪资调查

项目管理团队应进行市场薪酬调查，了解同行业、同类职位的薪资水平。这有助于确保制定的薪酬条件具有竞争力，能够吸引到符合要求的高素质人才。

示例：项目管理团队可以借助薪酬调查工具、招聘平台或咨询公司，收集同类职位在当前市场的薪资水平信息。

（2）员工福利策略

制定员工福利策略是提高招聘吸引力的重要一环。项目管理团队需要考虑制定灵活的工作制度、提供培训发展机会、关注员工健康福利等方面，以提高员工整体满意度。

示例：项目管理团队可以与人力资源部门合作，设计符合公司文化和员工期望的福利政策，如灵活工作时间、员工培训计划、健康保险等。

通过明确招募职位和技能要求，同时考虑市场竞争和员工福利，项目管理团队可以有效制定招募策略，确保吸引到符合项目需求的高水平人才。

（二）面试和评估

1.全面评估专业技能

在面试和评估阶段，项目管理团队应该通过系统的方法全面评估候选人的专业技能。以下是详细展开的步骤：

（1）技能测试和实际案例

项目管理团队可以设计专业技能测试，以验证候选人在项目相关领域的实际操作水平。此外，提供真实的项目案例，让候选人展示他们在实际工作中如何应用专业知识解决问题。

示例：为招聘土木工程师的职位，项目管理团队可以设计一项包括工程图纸解析、项目成本估算等多个方面的技能测试。

（2）职业资格和证书验证

项目管理团队应核实候选人的职业资格和相关证书，以确保其专业技能的合法性和可信度。这有助于筛选出真正具备所需技能的候选人。

示例：要求候选人提供相关职业资格证书的复印件，并在面试中详细询问其在获得证书过程中所掌握的知识和经验。

2.关注团队协作能力和沟通技巧

除了专业技能，团队协作能力和沟通技巧也是至关重要的。以下是详细展开的步骤：

（1）模拟团队合作场景

通过模拟团队合作场景，项目管理团队可以更直观地了解候选人在团队协作中的表现。这可以包括团队讨论、决策模拟等环节，评估候选人在集体工作中的角色和效果。

示例：设计一个小组讨论的场景，要求候选人在一定时间内解决一个特定的问题，评估其在团队环境中的协作能力。

（2）专门的团队面试

项目管理团队可以设置专门的团队面试环节，与团队中的成员一同参与面试。团队面试，可以更好地了解候选人与其他团队成员相处的潜力和适应性。

示例：邀请当前项目团队成员参与面试，与候选人一同讨论团队的工作方式、沟通方式等，以综合评估其团队协作和沟通能力。

（三）多元化招聘

1. 强调公司的多元化价值观

为了构建多元化的团队，人力资源管理团队应通过以下手段强调公司的多元化价值观：

（1）明确传达多元化支持

在招聘广告、公司官网和其他宣传渠道上，明确传达公司对多元化的支持和重视。强调公司致力于打造一个包容、平等的工作环境，吸引具有不同背景的人才。

示例：在招聘广告中注明"我们欢迎来自不同文化、性别、年龄和专业背景的人才，我们相信多元化是推动创新和成功的力量"。

（2）以实例展示多元化成功案例

在公司官网或招聘材料中，以实际案例展示公司已经成功融入多元化的经验，分享员工的故事和成就，凸显公司珍视每位员工的个性和贡献。

示例：通过员工采访、视频或文章形式，讲述公司多元化团队的成功故事，强调多元化如何促进创新和团队协作。

2. 积极寻找不同背景的候选人

在招聘过程中，人力资源管理团队应采取积极主动的措施，寻找具有不同背景的候选人：

（1）参与行业活动和社群

人力资源管理团队可以参与各种行业活动和社群，如专业会议、线上论坛等，以扩大招聘网络，主动寻找来自不同文化和专业领域的人才。

示例：组织公司代表参加多元化招聘活动，与潜在候选人建立联系，了解其背景和专业经验。

（2）拓展招聘渠道

拓展招聘渠道是多元化招聘的重要一环。人力资源管理团队可以通过多元化的招聘平台、社交媒体等途径，吸引不同背景的候选人投递简历。

示例：利用专门面向多元化人才的招聘网站，发布职位信息，引导更多不同背景的人才了解并申请公司的岗位。

（四）招聘流程的优化

1. 使用人才招聘系统

为提高招聘效率，人力资源管理团队可以采用先进的人才招聘系统，通过以下方式优化招聘流程：

（1）流程自动化

引入人才招聘系统可以实现流程的自动化，从简历筛选、面试安排到入职流程，使招聘全过程更加高效。系统可以自动匹配候选人的技能与职位要求，减少手动操作，提高招聘速度。

示例：招聘系统可以根据设定的条件自动筛选符合要求的候选人，减轻人力资源管理团队的工作负担，确保高效招聘。

（2）数据分析和优化

人才招聘系统提供数据分析工具，帮助人力资源管理团队了解招聘流程中的瓶颈和优化点。通过分析招聘数据，人力资源管理团队可以及时调整策略，提高流程的透明度和效能。

示例：通过系统生成的招聘数据报告，人力资源管理团队可以发现招聘过程中的瓶颈，例如候选人流失率较高的环节，进而采取相应的优化措施。

2.简化申请流程和加强内外部沟通

为了提高招聘的效率，人力资源管理团队可以采取以下措施，简化申请流程并加强内外部沟通：

（1）简化在线申请表格

简化在线申请表格，减少烦琐的填写步骤，提高候选人的申请体验。通过优化表格设计和简明扼要的问题，吸引更多优秀人才提交申请。

示例：优化在线申请表格，采用简洁的界面和清晰的问题，提高候选人填写表格的效率。

（2）制订沟通计划

建立明确的内外部沟通计划，确保项目管理团队与人力资源管理团队之间的信息传递畅通。定期召开沟通会议，分享候选人进展情况，减少信息滞后和误差。

示例：每周举行一次内外部沟通会议，由项目管理团队汇报招聘进展，共同讨论并解决可能出现的问题，保持团队协同工作的高效性。

二、培训与技能发展

（一）培训需求分析

1.员工技能短板的明确

（1）调查员工技能水平

在进行培训需求分析时，人力资源管理团队首先需要通过定期的员工调查，调查员工的技能水平。这可以包括定量的问卷调查和定性的面谈，以全面了解团队成员的专业技能、工作经验和学历背景。

示例：通过员工技能调查问卷，获取关于每位团队成员所掌握技能的详细信息，包括熟练程度、使用频率及自身对于技能水平的评估。

（2）面谈和员工反馈

除了定期的调查，面谈是获取更深层次信息的关键工具。人力资源管理团队可以与团队成员进行一对一的面谈，了解他们对于自身技能的认知，以及在实际项目工作中可能遇到的技能挑战。员工的自我评估和反馈对于明确技能短板至关重要。

示例：定期面谈中，人力资源管理团队可以询问团队成员对于当前项目工作中需要提升的技能，以及他们个人对于未来职业发展中想要培养的技能方向。

2.项目要求的明确

（1）与项目管理团队深入沟通

为了确保培训计划的针对性，人力资源管理团队需要与项目管理团队进行深入的沟通。这包括参与项目规划会议、详细了解项目的技术要求、质量标准及所需的团队协作能力。通过与项目管理团队的密切合作，确保培训计划与项目的实际需求相契合。

示例：定期召开项目规划会议，人力资源管理团队与项目管理团队共同审视项目的技术要求，明确需要的团队技能和素质，为后续培训计划提供有力支持。

（2）技术难点的分析

培训需求分析还需要关注项目中的技术难点。通过与技术专家的沟通和技术文档的仔细分析，确定项目中可能遇到的难点和新技术，以便有针对性地开展培训，提高团队在面对挑战时的应对能力。

示例：在培训需求分析的过程中，人力资源管理团队可以邀请技术专家进行专题讲座，介绍项目中可能涉及的新技术和技术难点，以引导团队成员的学习方向。

（二）专业技能培训

1. 最新工程技术培训

（1）新材料应用培训

在土木工程领域，新材料的应用日益增多，为了保持团队的竞争力，培训计划应重点涵盖新材料的培训。这包括但不限于新型混凝土、可持续建筑材料、复合材料等。与供应商合作或邀请领域专家进行培训，确保团队成员了解最新的材料科学和工程应用。

示例：组织专题研讨会，邀请新材料领域专家分享其研究成果和应用案例，以便团队成员深入了解新材料的性能、优势及在实际工程中的应用。

（2）数字化工程培训

随着数字技术在土木工程中的广泛应用，培训计划需要涵盖数字化工程的相关内容。包括信息建模、虚拟设计与施工、智能监测等方面的培训，以提高团队在数字化工程方面的专业水平。

示例：引入数字化工程专业软件，进行实际操作培训，同时邀请数字化工程领域专家举办讲座，帮助团队成员熟悉数字化工程的最新发展。

2. 项目管理方法培训

（1）项目计划编制培训

有效的项目计划是土木工程项目成功的基石。培训计划应包括项目计划编制的培训，涵盖计划制订、进度安排、资源分配等方面，以确保团队成员具备制订和执行项目计划的能力。

示例：组织项目计划编制的工作坊，通过实际案例演练，帮助团队成员熟悉项目计划编制的流程和技巧。

（2）进度控制和成本管理培训

培训计划还应涵盖项目的进度控制和成本管理。培训团队成员掌握有效的进度监控方法和成本管理工具，以确保项目在规定的时间和预算内完成。

示例：邀请项目管理领域的专家进行进度控制和成本管理的培训讲座，同时组织实际案例分析，使团队成员能够在实践中学以致用。

3. 质量标准培训

（1）ISO 标准培训

了解和遵循国际标准是土木工程项目质量管理的关键。培训计划应包括 ISO 标准培训，使团队成员了解 ISO 9001 等相关标准，并能够在项目中合理应用。

示例：组织 ISO 标准体系认证培训班，邀请认证专家进行讲解，帮助团队成员熟悉质量管理体系的建立和维护。

（2）行业规范培训

培训计划还应覆盖土木工程领域的行业规范。解读国家和地区的相关规范，确保团队成员了解并遵守行业标准，提升项目的整体质量水平。

示例：由行业协会专家主持的培训课程，涵盖土木工程领域的行业规范解读和实际应用。

（三）软技能培训

1.团队协作培训

（1）团队协作的重要性

在土木工程项目中，团队协作是取得项目成功的关键因素之一。培训计划中，人力资源管理团队需要深入介绍团队协作的重要性，强调在一个高度协同的环境中工作对项目整体的积极影响。

示例：开设专题讲座，邀请团队协作专家分享成功案例，解析协作中的挑战和解决方案，以激发团队成员对协作的认识和重视。

（2）团队协作技能的培养

通过团队协作培训，培养团队成员的协作技能，包括但不限于团队决策、冲突管理、团队目标的共识等。这将有助于提高团队的协同效率，确保项目各个阶段的顺利进行。

示例：组织模拟项目团队活动，让团队成员通过实际操作体验协作的挑战，从而加深对团队协作技能的理解和运用。

2.沟通技巧培训

（1）多层次沟通技巧

沟通技巧的培训应该多层次、全方位，包括书面沟通、口头沟通，以及跨文化沟通。这有助于团队成员在各种场景下都能够有效地传递信息，提高项目团队的协作效率。

示例：开设多元化的沟通技巧工作坊，通过角色扮演、案例分析等方式，让团队成员深入了解并掌握不同类型沟通技巧。

（2）沟通与项目管理的整合

强调沟通与项目管理的紧密关系，使团队成员了解到良好的沟通是项目成功的基石。培训计划中应该突出项目中沟通的重要场景，如项目会议、汇报、客户沟通等。

示例：组织与项目管理相关的沟通技巧培训，包括项目报告的撰写、汇报技巧、与客户的有效沟通等，确保团队成员在项目中能够清晰、准确地传达信息。

3.问题解决能力培训

（1）问题解决的关键性

在土木工程项目中，团队成员需要具备较强的问题解决能力，以迅速应对各种挑战和变数。培训计划中应明确问题解决在项目成功中的关键性作用。

示例：举办问题解决能力讲座，通过案例分析和集体讨论，引导团队成员认识问题解决对项目顺利推进的关键性影响。

（2）实际问题解决培训

培训计划中要包括实际问题解决的培训，通过解析真实项目中遇到的问题，锻炼团队成员在复杂环境下迅速制定并实施解决方案的能力。

示例：组织问题解决案例分析研讨，引导团队成员深入思考问题根本原因和可能的解决途径，促使他们在实际项目中更加灵活应对。

通过以上软技能培训，团队成员将能够在团队协作、沟通和问题解决等方面得到全面提升，为项目的成功实施提供坚实的软实力支持。

（四）培训成效评估

1.工作表现评估

（1）设立明确的评估标准

建立培训成效评估机制的第一步是设立明确的评估标准。这可以包括团队成员在培训后工作表现的关键指标，如项目执行能力、团队协作水平、问题解决能力等。通过这些标准，人力资源管理团队能够更具针对性地评估培训成果。

示例：明确评估标准，例如在项目中提出解决方案的效率、沟通协作中的积极性、工作中遇到问题的解决速度等。

（2）定期评估与反馈

定期进行工作表现评估是确保培训成效持续的关键环节。通过定期的个人评估会议、项目阶段性评估等方式，及时了解团队成员在实际工作中的表现，并提供实质性的反馈。这不仅有助于发现问题，还能够激发团队成员的积极性。

示例：每季度进行一次个人评估会议，结合项目阶段性总结，全面了解团队成员的工作表现，及时发现并解决问题。

2.项目绩效评估

（1）制定与项目目标相关的指标

培训成效应该直接与项目整体绩效挂钩，因此需要制定与项目目标相关的评估指标。这可以包括项目进展、工程质量、客户满意度等方面的指标，以全面了解培训计划对项目整体绩效的影响。

示例：设定与培训内容相关的项目进展指标，比如项目工期的缩短、质量控制的改善等，通过这些指标间接评估培训的实际价值。

（2）定期绩效评估会议

定期召开绩效评估会议，将培训成效纳入会议议程，对项目绩效进行全面审视。讨论项目中出现的问题、团队协作情况等，评估培训计划的实际效果，并根据评估结果调整项目管理策略。

示例：每半年召开一次项目绩效评估会议，由项目管理团队与人力资源管理团队共同参与，全面评估项目的整体表现。

3.培训计划的调整和优化

（1）收集定期反馈

建立培训计划的持续改进机制，需要定期收集团队成员的反馈意见。这可以通过匿名问卷、定期反馈会议等形式进行，了解培训的实际效果及可能需要改进的地方。

示例：每月开展一次培训效果反馈会议，鼓励团队成员提出对培训内容、形式等方面的建议和意见。

（2）实施调整与优化

收集到反馈后，人力资源管理团队需要及时分析、总结，并在必要时进行培训计划的调整和优化。这可能包括更新培训内容、调整培训方法，以更好地满足团队成员的实际需求。

示例：根据反馈，调整下一阶段的培训内容，加入更具体、实用的案例分析，以提高培训的实际效果。

三、激励与福利

（一）薪酬激励

1.基本工资制定

（1）个体因素考虑

在基本工资的制定过程中，项目管理人员必须全面考虑团队成员的个体因素，包括职责、经验、专业技能等，建立细致的薪酬等级制度，确保每个员工的基本工资反映其个人贡献和市场价值，从而保证薪酬的公平性和相对合理性。

示例：职务、学历、工作经验等是基本工资制定中需要纳入考虑的个体因素，建立相应的工资档次。

（2）薪酬公平性

基本工资的制定要遵循薪酬公平原则，即相同工作岗位、相同工作贡献的员工应当获得相似的基本工资。人力资源管理团队需要定期进行薪酬结构分析，确保不同职位之间、不同工作层级之间的薪酬体系是合理和公平的。

示例：通过薪酬调研，确保公司的薪酬水平在同业中具有竞争力，提升员工的薪酬满意度。

2.绩效奖金设计

（1）明确的绩效评估体系

人力资源管理团队应制定明确的绩效评估体系，确保绩效奖金能够客观、公正地反映个体或团队的工作表现。这包括与员工在项目中的贡献、工作目标达成情况等相关的评估指标。

示例：设立绩效评估体系，包括项目进展、工作效率、团队协作等指标，为绩效奖金提供有力的依据。

（2）差异化奖金激励

根据绩效评估的结果，差异化地设计绩效奖金，即表现优秀的员工能够获得更高的奖金，以激励其持续努力和提高工作质量。

示例：设定奖金水平的不同档次，确保绩效优秀的员工能够享受更高比例的绩效奖金。

3.项目奖励政策

（1）针对卓越贡献的奖励

制定项目奖励政策，专门用于奖励在项目中表现出色的团队成员。这些奖励可以包括一次性奖金、颁发荣誉证书、提供额外休假等方式，以表彰其对项目的杰出贡献。

示例：设立项目奖励委员会，由专业人员评选出在项目中表现卓越的成员，颁发相应的项目奖励。

（2）鼓励团队协作的奖励

除了个体奖励外，项目奖励政策还应关注团队协作。设立奖项，鼓励整个团队在项目中紧密协作，共同取得优异成绩。

示例：设立团队奖项，以奖励整个团队在项目中的协作精神和卓越表现。

（二）奖励制度

1.项目奖励机制

（1）重要节点奖励

在项目中设立重要节点奖励，以激励团队在项目关键时刻有出色表现。这可以包括项目启动阶段、关键任务完成、里程碑达成等，为团队提供明确的目标和奖励机制，推动项目的高效推进。

示例：设立项目启动奖励，表彰在项目初期提出创新方案或解决方案的团队成员。

（2）困难问题解决奖励

对于成功解决项目中出现的困难问题的团队成员，设立相应奖励机制。这有助于激励团队在面对挑战时寻找创新性解决方案，促进团队的成长和发展。

示例：设立困难问题解决奖励，鼓励团队成员在遇到技术难题或项目阻塞时积极寻找解决方案。

2.员工月度／季度优秀奖

（1）定期评选

设立员工月度或季度优秀奖励机制，定期评选在短期内表现出色的员工。通过员工自荐、团队推荐或经理提名等途径，确保优秀个体得到公正评定和奖励。

示例：每月组织员工月度评选，综合考核个体在项目中的贡献、在团队协作等方面的表现。

（2）奖金或非物质奖励

对于获得优秀奖的员工，除了奖金外，还可以考虑提供非物质奖励，如表彰证书、员工推荐信、岗位晋升机会等，以提高奖励的吸引力。

示例：设立季度员工晋升计划，将表现优秀的员工纳入晋升候选名单。

3.团队成果分享计划

（1）项目经济效益挂钩

制订团队成果分享计划，将项目取得的经济效益与团队成员直接挂钩。这样的奖励机制能够激发团队的协作积极性，共同推动项目的成功。

示例：设立团队绩效奖金，根据项目实际获得的效益，将奖金以固定比例分配给参与项目的团队成员。

（2）公平分配原则

确保团队成果分享计划的公平性，采用透明的分配原则，使每个团队成员都能够公平分享项目取得的成果。这有助于提高整个团队的凝聚力和积极性。

示例：制定项目奖金分配规则，基于个体在项目中的贡献和绩效表现，进行公正分配。

（三）晋升机会

1.职业发展规划

人力资源管理团队应与团队成员建立个性化的职业发展规划。深入了解每位成员的职业目标、兴趣和发展方向，制定与项目发展相符的晋升机会，为其在项目中创造更多的发展空间。

示例：定期进行职业规划谈话，了解团队成员的职业期望，制订个性化的职业发展计划。

2.技能培训与晋升挑战

（1）晋升所需技能培训

为了支持晋升，人力资源管理部门应提供与晋升相关的技能培训，确保团队成员具备项目需要的各种技能和知识。这可以包括项目管理、领导力、沟通技巧等方面的培训。

示例：开设晋升培训课程，覆盖晋升所需的专业技能和管理技能。

（2）晋升挑战机会

为激发成员的职业发展动力，项目管理团队可以给予晋升挑战机会，例如让团队成员担任更高级别的项目职务。这有助于提高成员的责任感和领导力。

示例：设立"项目副经理"等职位，由表现优秀的团队成员担任，为其提供晋升的实际挑战。

3.导师制度

（1）经验传承

建立导师制度，由经验丰富的团队成员担任新人的导师。通过与导师的交流和指导，新人能够更快速地适应项目工作，同时实现团队内部的经验传承。

示例：匹配新人与有经验的团队成员，建立导师制度，定期进行经验分享和职业规划指导。

（2）职业成长支持

导师制度不仅有助于新人的职业成长，也为整个团队提供了职业发展的支持。导师可以分享成功经验、提供职业建议，从而在项目中培养更多有潜力的领导者。

示例：通过导师评价和培训，不断优化导师制度，确保其有效支持团队成员的职业成长。

（四）员工福利

1.社会保险和健康福利

（1）完善社会保险体系

人力资源管理部门在员工福利方面需要完善社会保险体系，确保员工在项目中得到全面的社会保障，包括养老、医疗、失业、工伤、生育五险一金。

示例：梳理并优化社会保险政策，提高报销比例，确保员工在面临意外情况时能够得到及时、充分的保障。

（2）健康体检和医疗保险

除基本社会保险外，项目管理团队还应关注员工的健康福利。定期提供健康体检服务，为员工提供医疗保险，以确保他们在项目过程中保持良好的身体状况。

示例：定期组织全员健康体检，制订医疗保险计划，覆盖全员，并提供健康管理咨询服务。

2.弹性工作制度

（1）弹性工作时间

人力资源管理团队应该制定灵活的工作时间制度，支持弹性工作。这种制度能够允许员工在合理范围内调整工作时间，更好地平衡工作与生活的需求。

示例：设立核心工作时间，其余时间由员工自主安排，提供远程工作的机会，以适应不同员工的工作习惯。

（2）项目弹性安排

为了更好地适应项目的变化和紧急情况，项目管理团队还可以实行项目弹性安排。这包括根据项目需求，灵活安排团队成员的工作任务和时间。

示例：在项目紧急时，允许团队成员调整工作计划，确保项目能够按时高质量完成。

通过建立全面的社会保险体系、提供健康福利，并支持弹性工作制度，项目管理团队能够更好地关注员工的整体福祉，提高员工的满意度和工作投入，从而为项目的成功创造更有利的工作环境。

四、绩效评估与反馈

（一）建立明确的绩效标准

1.项目目标达成情况的绩效标准

（1）制定明确的项目目标

人力资源管理与项目管理团队共同制定项目目标，并确保这些目标与项目的使命和愿景相一致。这包括明确的时间表、成本预算和质量标准等，为绩效评估提供具体的依据。

示例：确保项目在12个月内完成并投入使用，成本不超过预算的10%。

（2）建立具体的衡量标准

为确保团队成员的工作与项目整体目标保持一致，需要建立具体的衡量标准。这可以包括项目进度、成本控制、客户满意度等方面的具体指标。

示例：衡量项目进度的标准可以是每个月完成的工作量，成本控制的标准可以是实际成本与预算的偏差，客户满意度可以通过定期调查和反馈来评估。

2.工作质量的绩效标准

（1）设立详细的工作质量标准

绩效评估需要着重关注团队成员的工作质量，包括项目文件的准确性、工程设计的合理性等方面，建立详细的工作质量标准，通过检查、审核等手段对团队成员的工作进行定期评估。

示例：工程设计文件需要符合行业标准，项目文件需要完整无误，符合公司规定的质量标准。

（2）定期评估工作质量

通过定期的质量评估，项目管理团队可以了解工作质量的实际情况，并及时纠正可能存在的问题。这可以通过项目审核、专业检查等方式来实施。

示例：每季度进行一次工程设计文件的审核，确保文件的准确性和完整性。

3. 团队协作的绩效标准

（1）制定明确的团队协作标准

团队协作是项目成功的关键因素，因此需要建立明确的团队协作绩效标准。这包括团队成员在项目会议中的参与度、信息分享的及时性等方面。

示例：团队成员需要在项目会议中积极参与讨论，及时分享项目进展和遇到的问题。

（2）评估团队协作表现

通过定期的评估，项目管理团队可以了解团队成员在团队协作中的表现，并提供及时的反馈。这可以通过团队评估、360度反馈等方式来实现。

示例：每季度进行一次团队绩效评估，以了解团队协作的情况，并提供改进建议。

（二）定期绩效评估

1. 评估周期的设定

（1）合理的评估周期选择

人力资源管理与项目管理团队协商，选择合理的评估周期。定期的评估可以是每季度、半年度或年度一次，以确保对团队成员的绩效进行及时、全面的评估。

示例：制定每半年一次的绩效评估周期，以充分考量项目的周期性和成果产出的时间。

（2）提供足够的成长和改进时间

通过明确的评估周期，确保团队成员有足够的成长和改进时间。这有助于避免对团队成员提出不切实际的要求，同时为其提供更好的发展机会。

示例：设定评估周期为半年，以使团队成员在评估前有充分的时间适应新项目和应用所学知识。

2. 个人评估会议

（1）个人评估会议的意义

组织个人评估会议是及时了解团队成员工作表现的重要途径。通过深入沟通，人力资源管理部门可以听取团队成员的反馈，共同制订未来的发展计划，提高沟通效果。

示例：在每个评估周期结束后，安排个人评估会议，以讨论团队成员的绩效和职业发展。

（2）制订未来发展计划

在个人评估会议中，除了了解过去的绩效外，还要共同制订未来的发展计划。这包括提供培训机会、明确晋升途径等，以激励团队成员更好地投入工作。

示例：根据个人评估结果，制订具体的培训计划，以提高团队成员在项目中的综合能力。

3. 360度反馈机制

（1）引入全面的反馈方式

引入360度反馈机制，包括直线上下级、同级、下级、项目合作伙伴等多方面的评价。通过多维度的反馈，获取更全面、客观的团队成员表现数据，提高绩效评估的准确性。

示例：设置匿名的360度反馈渠道，邀请同事、项目伙伴等就团队成员的表现提供真实的反馈。

4.项目绩效报告

（1）汇总项目成果数据

定期生成项目绩效报告，汇总团队成员在项目中的表现数据。这可以包括项目进度、成本控制、客户满意度等方面的数据，为绩效评估提供客观依据。

示例：每季度生成项目绩效报告，包括项目阶段性成果和团队整体表现。

（2）促进团队共同成长

通过项目绩效报告，团队成员可以了解整个团队的表现，学习他人的经验和教训，促进团队的共同成长。

示例：将项目绩效报告作为团队会议的讨论材料，分享成功经验和问题解决经验。

（三）及时的反馈机制

1.定期一对一面谈

（1）面谈机制的建立

建立定期一对一面谈机制，为团队成员提供及时的绩效反馈。这种面谈不仅是了解绩效情况的机会，也是沟通问题、制订改进计划的平台。

示例：每月进行一次一对一面谈，由人力资源管理部门与团队成员共同参与，以确保全面的绩效讨论。

（2）共同探讨问题和改进方案

在一对一面谈中，不仅提供具体的反馈，还需要与团队成员共同探讨问题和制定改进方案。这有助于形成积极的改进文化，促进个体和团队的成长。

示例：针对绩效评估中发现的问题，与团队成员一同制订个性化的发展计划，为其提供更有针对性的支持。

2.实时项目反馈

（1）实时反馈的意义

在项目进行过程中，建立实时项目反馈机制，让团队成员了解其工作的实时影响。这种反馈形式可以及时了解项目进展和客户需求变化，帮助团队成员调整工作方向。

示例：设立项目进展会议，每周汇报项目的最新情况，让团队成员在第一时间获取项目反馈。

（2）帮助及时调整，提高工作效率

通过实时项目反馈，团队成员可以及时调整工作计划，提高工作效率。这有助于减少项目中的偏差，确保工作与项目目标保持一致。

示例：根据客户的实时反馈，调整项目方案，确保团队工作符合客户期望。

3.绩效评估报告

（1）提供全面的绩效信息

定期提供绩效评估报告，详细说明团队成员在各个方面的表现和评价。这不仅是对个体工作的总结，也是为团队提供改进建议，促进绩效的全面提升。

示例：生成绩效评估报告，包括工作质量、团队协作、个人发展等多方面评价，为团队提供全面的反馈。

（2）促进个体和团队的成长

通过绩效评估报告，团队成员可以清晰地了解自己的强项和待提高之处。这有助于制订个体发展计划，促进个体和团队的成长。

示例：根据报告中的发展建议，制订培训计划和项目任务，提高团队整体水平。

（四）绩效改进计划

1.个性化培训计划

（1）进行绩效提升需求分析

在制订个性化培训计划之前，进行绩效提升需求分析，明确团队成员的培训需求。通过绩效评估结果和个体发展目标，确定需要提升的专业技能、软技能等方面。

示例：针对某团队成员在项目管理方面表现不足的情况，制订培训计划以提高其项目计划编制和进度控制的能力。

（2）提供有针对性的培训

根据绩效提升需求，提供有针对性的培训。这可以包括参与行业研讨会、在线课程学习、实际项目案例分享等，以确保培训内容与项目需求紧密匹配。

示例：为提升某团队成员的沟通技巧，安排专业的沟通技能培训，包括书面沟通和口头表达等方面。

2.工作分配的调整

（1）重新评估职责范围

在绩效改进计划中，重新评估团队成员的职责范围，确保其工作任务与个体优势和兴趣相匹配。调整职责范围有助于提高团队成员的投入度和工作满意度。

示例：将某团队成员从原先负责的技术任务中解放出来，转而让其专注于项目中更符合其专业背景的工作。

（2）调整项目组合

在项目组合方面进行调整，考虑将团队成员分配到更适合其能力和经验的项目中。这有助于提高项目整体效率，确保团队成员能够更好地发挥其潜力。

示例：将某专业领域经验丰富的团队成员调整至相关专业项目，以更好地发挥其专业优势。

3.资源支持的增加

（1）提供技术支持

为绩效改进计划提供技术支持，确保团队成员能够充分掌握并应用最新的工程技术。这可能涉及提供专业软件培训、技术导师支持等。

示例：为团队成员提供最新工程技术培训，确保其了解并能够运用行业内最先进的技术。

（2）强化团队协作工具

通过增加团队协作工具的投入，提高团队成员的协作效率。确保团队能够实时分享信息、协同工作，促进项目顺利推进。

示例：引入先进的项目管理工具，提升团队协作效能，确保项目任务的及时完成。

4. 目标设定与跟踪

（1）设定明确的个人发展和项目目标

在绩效改进计划中，与团队成员一同设定明确的个人发展和项目目标。这些目标应与培训计划和工作调整相一致，有助于引导团队成员朝着共同的目标努力。

示例：为某团队成员设定提升沟通技巧的个人发展目标，同时将其项目目标与更具挑战性的任务相匹配。

（2）定期进行跟踪和评估

设定的目标需要定期进行跟踪和评估。通过定期的个人评估会议，检查目标的完成情况，及时调整计划，确保团队成员在规定时间内取得明显的绩效改进。

示例：每季度进行一次目标跟踪会议，评估个人发展和项目目标的完成情况，进行必要的调整。

项目三　领导与团队激励

一、领导风格的选择

（一）领导风格的影响

领导者的选择在土木工程项目中对团队的激励效果有着深远的影响。不同的领导风格可以产生不同的影响，因此在项目中选择合适的领导风格是至关重要的。领导风格影响着团队的凝聚力、工作效率及成员的工作动力。

1. 事务型领导

（1）任务执行的明确性

事务型领导通过设定明确的任务目标和规定清晰的工作流程，为土木工程项目提供了强有力的组织结构。在项目执行阶段，这种领导风格能够确保任务目标清晰，每个团队成员明确自己的责任，从而提高工作的执行效率。

（2）管理团队执行力

事务型领导的关注点在于任务的具体执行，通过监督和控制确保项目按计划推进。在土木工程中，特别是在注重组织性和纪律性的项目中，这种领导风格有助于维持工程进度，防范潜在的执行问题。

（3）适用场景

事务型领导适用于一些需要高度组织和执行力的项目，例如基础设施建设等。在这些项目中，明确的任务分工和执行流程是确保项目质量和进度的基础。

2. 变革型领导

（1）创新和变革的推动力

变革型领导注重激发团队的创新能力，鼓励成员尝试新的思路和方法。在土木工程项目中，尤其是面临复杂问题或需要创新解决方案时，采用变革型领导风格可以推动团队迈向新的高度，促进项目取得更好的成果。

（2）激发团队创造力

变革型领导擅长激发团队成员的创造力，通过鼓励新的理念和工作方式，带动项目团队的创新。在土木工程领域，这种领导风格可以带来更多的设计创意和施工技术的革新。

（3）适用场景

变革型领导适用于那些需要不断创新和改进的土木工程项目，例如在设计上追求绿色、可持续发展的项目。这些项目需要团队具备不断创新的能力以适应行业的发展。

3.鼓励型领导

（1）内在动机和积极性的激发

鼓励型领导注重激发团队成员的内在动机和积极性。通过奖励、认可和支持，激励成员充分发挥自己的潜力。在土木工程项目中，采用鼓励型领导风格可以培养团队的自主性和团队成员之间的合作精神。

（2）团队成员的个体发展

鼓励型领导通过关注团队成员的个体发展，培养团队的凝聚力和士气。在土木工程项目中，这有助于形成良好的工作氛围，提高团队整体的工作效率。

（3）适用场景

鼓励型领导适用于强调团队协作和个体发展的土木工程项目，例如需要创造性解决方案或依赖团队紧密协作的项目。在这些项目中，激发团队成员的积极性和创造力是取得成功的关键。

（二）民主型领导

在土木工程项目中，民主型领导是一种有效的领导风格，特别是当团队合作和共识决策至关重要时。

1.参与和决策共识

（1）共同决策的优势

民主型领导的核心理念是鼓励团队成员参与决策过程，使得决策更加全面和民主。在土木工程项目中，这种参与式决策有助于充分发挥团队成员的专业知识和经验，从而制定更为科学和可行的方案。

（2）团队成员的投入感

通过团队讨论和协商，民主型领导能够激发团队成员的投入感。在土木工程项目中，这意味着团队成员更愿意为项目的成功贡献力量，因为他们认为自己的意见被尊重和采纳。

（3）共识决策的实施

民主型领导通过促进共识决策，确保决策方案能够被广泛接受。在土木工程中，这有助于减少后期的调整和纠正，提高项目执行的效率和顺利度。

2.促进成员投入

（1）讨论项目目标

通过与团队成员讨论项目目标，民主型领导激发了成员的投入感。在土木工程项目中，团队成员对项目目标的理解和认同是项目成功的重要保障。

（2）任务分配的透明性

民主型领导在任务分配上注重透明度，与团队成员共同商讨每个人的职责。这种方式有助于确保任务分配的公正性和合理性，提高团队成员的责任心和执行力。

（3）创新与协作

团队成员在参与决策和讨论中更容易分享自己的想法和建议。这种开放性促进了创新，同时增进了团队协作，使得土木工程项目更具灵活性和应变能力。

3.增强团队凝聚力

（1）共同责任感

由于成员参与决策，他们更有可能在项目的成功中感到责任和自豪。这种共同的责任感有助于增强团队的凝聚力，让每个成员都感到自己是项目成功的一部分。

（2）项目成功的共同体验

在民主型领导的指导下，项目成功不再是领导个人的胜利，而是整个团队的共同体验。这种共同体验加深了团队成员之间的联系，提升了团队的凝聚力。

（3）提高整体绩效

通过共同参与决策和项目的成功体验，团队成员更有动力全力以赴，提高整体绩效。在土木工程项目中，这种积极性和凝聚力对于应对挑战、解决问题至关重要。

（三）教练型领导

在土木工程项目中，教练型领导是一种注重团队成员个人成长和发展的有效领导风格。

1.导师角色的发挥

（1）个性化指导

教练型领导在土木工程项目中充当导师的角色，通过个性化的指导，帮助团队成员解决项目中遇到的具体问题。这种导师式的领导风格使得团队成员能够在解决实际问题中更好地学习和成长。

（2）技术和经验的传承

教练型领导通过分享自身的技术和经验，为团队成员提供宝贵的指导。在土木工程项目中，这种导师式的领导有助于传承行业经验，提高团队整体的专业水平。

（3）激发创新思维

通过引导团队成员思考问题、提出解决方案，教练型领导激发了团队成员的创新思维。这有助于培养团队成员的独立解决问题的能力，推动土木工程项目在技术和方法上的创新。

2.激发学习热情

（1）关注个人发展需求

教练型领导通过关注团队成员的个人发展需求，激发了他们的学习热情。在土木工程项目中，这意味着领导者不仅关心项目目标的实现，还注重个人技能和职业发展的提升。

（2）制订个性化学习计划

根据团队成员的不同背景和需求，教练型领导制订个性化的学习计划。这有助于确保团队成员能够在项目中持续学习，不断提高自身的专业水平，更好地应对复杂的土木工程问题。

（3）提供资源支持

教练型领导为团队成员提供学习所需的资源支持，包括培训、课程、参与行业活动等。这种关注个人发展的支持体现了领导者对团队成员全面发展的承诺，有助于建立起学习型团队。

3.团队的学习文化

（1）建立知识分享机制

教练型领导鼓励团队成员之间的知识分享，帮助建立一种学习型的文化。在土木工程项目中，这种文化促使团队共同进步，使得每个成员都能从他人的经验中学到有价值的知识。

（2）推崇学习态度

通过身体力行，教练型领导树立了推崇学习态度的榜样。领导者的积极学习态度传导给团队成员，激发了他们主动学习的愿望，使得土木工程项目团队始终保持对新知识和技术的敏感度。

（3）持续反馈与改进

教练型领导通过持续的反馈机制，鼓励团队成员不断改进。这种文化有助于团队及时发现问题、总结经验，从而在土木工程项目中迅速适应变化的需求，实现学习型团队的目标。

（四）适应性领导

适应性领导是一种根据情境和团队成员的特点灵活调整领导风格的方法，特别适用于土木工程项目的多变环境。

1.应对项目动态变化

（1）灵活调整团队方向

适应性领导在土木工程项目中的一项关键功能是能够灵活调整团队方向，以适应项目的动态变化。在面对项目需求、技术创新或市场变化时，领导者需要迅速做出反应，调整团队目标和策略，确保项目仍然处于正确的轨道上。

（2）制订变革计划

适应性领导不仅仅是对变化的被动应对，更能够主动制订变革计划。通过分析项目环境和趋势，领导者可以在变化来临之前预见并计划，使得团队更好地适应即将发生的变化，提高项目成功实现的概率。

（3）敏锐感知市场变动

土木工程项目往往受市场因素的影响，适应性领导通过敏锐感知市场变动，及时调整项目战略，确保项目在市场竞争中具有竞争力。这需要领导者对行业和市场有深刻的理解，能够迅速做出决策。

2.满足团队成员需求

（1）个性化关怀

适应性领导在关注并满足团队成员需求上表现出色。通过与团队成员保持密切沟通，领导者了解到不同个体在不同情境下的需求，从而为每个团队成员提供个性化的支持和关怀。

（2）提供发展机会

团队成员在不同阶段有不同的职业发展需求，适应性领导为其提供相应的发展机会。这可以包括培训、项目经验、晋升机会等，以确保每个团队成员都在项目中获得成长和发展。

（3）快速响应团队反馈

适应性领导注重从团队成员的反馈中获取信息，并迅速响应。通过建立开放的沟通渠道，领导者能够了解团队成员对工作环境、项目进展等方面的需求，及时做出调整，增强团队的凝聚力和士气。

3. 项目阶段的领导调整

（1）阶段性目标设定

适应性领导在项目的不同阶段能够设定相应的阶段性目标。例如，在规划阶段，注重明确项目方向和整体计划；在设计和施工阶段，注重任务分解和实施计划。这种阶段性的领导调整有助于项目的有序推进。

（2）团队动态管理

土木工程项目的不同阶段可能需要不同的团队动态。适应性领导通过灵活调整团队的组织结构、沟通方式等，使得团队在不同阶段都能够高效协同合作，最大程度地发挥各个成员的优势。

（3）项目风险应对

适应性领导能够在项目的不同阶段预见潜在风险，并采取相应的风险管理策略。这包括项目计划的调整、资源的重新配置等，以确保项目不受潜在风险的严重影响。

二、目标设定与沟通

（一）明确的项目目标

1. 制定共同的项目目标

（1）项目目标的重要性

在土木工程项目中，制定明确的项目目标对于整个团队协作和项目成功至关重要。项目目标不仅仅是工作的方向，更是团队凝聚力和执行力的源泉。领导者需要与团队成员充分沟通，确保项目目标具有挑战性、实际可行，并与整个项目的使命和愿景保持一致。

（2）共同制定项目目标的过程

为了确保项目目标能够得到全体团队的认同和承诺，领导者需要发起广泛的团队参与过程。这可以通过召开目标制定会议、开展团队讨论、征求成员意见等方式实现。共同制定项目目标不仅有助于提高目标的质量，还可以激发成员的责任感和对项目的共同承诺。

（3）示例：桥梁工程项目的明确目标

以桥梁工程项目为例，明确的项目目标可能包括：

a. 在规定时间内完成桥梁结构的建设。

b. 符合特定的质量标准，确保桥梁的结构稳固、耐久性强。

c. 控制项目成本在预算范围内，最大化资源利用效率。

d. 提高施工安全水平，确保工人和公众的安全。

e. 与相关政府法规和环保标准相符，减少对环境的负面影响。

2.激发责任感和工作动力

（1）强调每个成员的重要作用

明确的项目目标有助于领导者强调每个团队成员在实现这些目标中的重要作用。通过明确指出每个成员的责任和贡献，领导者可以增强团队成员的责任感，使其认识到自己在整个项目中的独特价值。

（2）定期目标会议的重要性

领导者可以通过定期的目标会议与团队成员分享项目目标的重要性。在这些会议上，可以强调每个成员的贡献，并展示项目目标的实际意义。这有助于激发责任感和工作动力，使团队成员更加专注于实现项目目标。

（二）可量化的目标设定

1.设定具体度量和评估标准

（1）可量化目标的重要性

在土木工程项目中，设定可量化的目标是确保项目能够被客观衡量和评估的关键步骤。这需要领导者制定具体的度量和评估标准，以明确目标的完成程度。通过这样的可量化目标设定，团队成员能够更清晰地了解工作方向，确保各项任务朝着共同的目标努力。

（2）具体度量和评估标准的制定

领导者应与团队成员合作，确保制定的度量和评估标准具体、可操作。这可能包括但不限于：

a.时间绩效指标

完成施工工程的百分比，阶段性进度计划的实现情况等。

b.质量绩效指标

符合特定的建筑质量验收标准，缺陷率的控制等。

c.成本绩效指标

项目成本与预算的偏差，资源利用效率等。

（3）示例：基础设施建设项目的可量化目标

对于一个基础设施建设项目，可量化的目标可能包括：

在特定时间内完成施工工程的百分比，如在项目的前半期完成70%的工程。

达到或超过特定的建筑质量验收标准，如结构强度、耐久性等。

控制项目成本与预算的偏差，确保每个阶段的成本被控制在可接受的范围内。

2.激发竞争意识和协作精神

（1）竞争意识的激发

可量化的目标设定有助于激发团队成员的竞争意识。通过设定具体的绩效指标，每个成员都能够清晰地了解自己的目标和任务。这刺激了成员追求个人卓越表现的欲望，形成健康的竞争氛围。

（2）协作精神的促进

同时，领导者需要强调可量化目标的实现需要团队协作。通过强调项目整体目标和每个成员的独特贡献，领导者鼓励团队协作精神。团队成员了解到只有通过共同合作，才能更好地实现项目的可量化目标。

（3）平衡竞争和协作的氛围

领导者在激发竞争意识的同时，需要建立一种平衡的氛围。设立奖励机制，既鼓励个体竞争，又通过团队活动和分享会议强调协作的重要性。这有助于确保竞争是健康和积极的，而非破坏性的。

（三）沟通的重要性

1.定期团队会议的重要性

（1）沟通作为项目成功的关键

在土木工程项目中，沟通被视为项目成功的关键要素。尤其是关于项目目标的沟通，对于确保整个团队理解一致、共享愿景至关重要。定期团队会议成为实现这一目标的有效途径。

（2）共享最新信息与解释变更

领导者应通过团队会议分享项目目标的最新信息，解释任何变更，并提供成员表达意见和提出问题的机会。这确保了整个团队始终保持对项目目标的清晰认知，并在项目的演进中能够灵活应对变化。

（3）示例：定期项目进展会议

领导者可以定期组织项目进展会议，通过会议与团队分享目标的完成情况、面临的挑战及未来的计划。这种会议形式能够促使开放式讨论，增进团队成员之间的理解和协作。

2.个别沟通渠道的建立

（1）更深入地了解团队成员

除了团队会议，领导者还应该建立个别的沟通渠道，以更深入地了解团队成员对项目目标的理解和感受。一对一的沟通为领导者提供了更全面的信息，使其能够更灵活地调整目标设定和沟通策略。

（2）一对一目标评估会议

领导者可以定期进行一对一的目标评估会议，与每位团队成员共同审视其对项目目标的理解。这种个别的沟通形式有助于提供个性化的支持和反馈，确保每个成员都对项目目标有清晰的认识。

（3）示例：个别目标评估会议

领导者可以与每位团队成员安排个别的目标评估会议，倾听成员的看法和反馈，了解其在项目目标方面的期望和需求。这种沟通形式强调个体的重要性，使团队成员感到被关注和支持。

通过定期的团队会议和个别沟通渠道的建立，领导者能够更好地理解整个团队对项目目标的认知，并为团队提供明确的方向，从而提高项目成功实现的可能性。

（四）反馈机制的建立

1.定期提供绩效反馈

（1）建立有效的反馈机制

在土木工程项目中，建立有效的反馈机制是确保团队成员不断提高绩效的重要手段。领导者应该定期提供对团队成员表现的反馈，旨在认可其在实现项目目标方面的贡献。

（2）促进个体认知和发展

绩效反馈不仅仅是一种工具，更是促进个体认知和发展的桥梁。通过定期的评估和反馈，团队成员能够更好地了解自己的优势和改进空间，从而形成对个人绩效的客观认知。

（3）示例：定期的绩效评估

领导者可以设立每月或每季度的绩效评估周期，通过正式的评估报告和一对一的反馈会议，向团队成员传达他们在实现项目目标方面的表现。这种定期的反馈机制有助于建立透明、公正的绩效评价体系，提升团队成员的自我管理和职业发展能力。

2.促进持续的改进

（1）持续改进的重要性

反馈机制的另一个关键目标是促进团队成员的持续改进。领导者应通过与成员讨论反馈结果，共同制订绩效改进计划。这种持续改进的过程是确保团队成员在实现项目目标方面不断提升的关键步骤。

（2）制订个性化的发展计划

领导者可以根据绩效反馈结果与团队成员共同制订个性化的发展计划。这包括参与专业培训、调整工作任务、提供更多的资源支持等方式，以帮助团队成员克服困难，实现个人和团队的共同目标。

（3）示例：个性化的发展计划

通过与团队成员合作制订个性化的发展计划，领导者可以更好地满足成员的个体需求。例如，为具有特定技能缺陷的成员提供专门的培训课程，或为渴望承担更多责任的成员提供更多的项目经验。这样的个性化支持有助于激发成员的学习动力，推动团队整体绩效的提升。

通过建立定期的绩效反馈机制，领导者能够促进团队成员的个体认知和持续改进，从而为土木工程项目的成功实现提供强有力的支持。

三、团队建设与文化塑造

（一）组织团队建设活动

1.活动设计与执行

领导者应精心设计和执行团队建设活动，确保活动与项目的特点和团队成员的需求相契合。这可能包括定期的培训课程，以提升团队的专业技能，或者户外拓展活动，以促进团队之间的信任和协作。

示例：在土木工程项目中，可以组织一次模拟项目实施的培训活动，让团队成员通过协作解决实际问题，从而提高团队的执行力。

2.信任与合作的强化

通过团队建设活动，领导者可以强化团队成员之间的信任和合作关系。通过共同经历挑战、解决问题，团队成员更容易建立起互相信任的基础，提升整个团队的合作效能。

示例：一次户外拓展活动中，团队成员需要共同克服障碍，这不仅促进了成员之间的合作，还增进了相互信任。

（二）培养合作精神

1.共同目标的设立

领导者在培养团队成员的合作精神时，应设立共同的目标，使成员认识到只有通过协作才能实现更大的成就。这可以通过项目目标的明确定义和强调实现这些目标的团队努力来实现。

示例：设立一个项目周期内完成一个特定的工程任务的目标，以此激发团队成员共同努力，互相支持。

2.成就的共享与奖励

领导者应该鼓励团队成员在取得成就时进行分享，并设立相应的奖励机制。这有助于建立一种合作的文化，使每个成员认识到他们的成功与整个团队的协作密不可分。

示例：在项目取得阶段性成功后，领导者可以组织庆祝活动，同时公开表彰和奖励发挥重要作用的团队成员。

（三）建立积极向上的工作文化

1.创新的鼓励与支持

领导者在文化塑造中应鼓励团队成员提出创新性的想法，并为其提供支持。积极向上的工作文化需要给予成员充分的空间去探索新的解决方案，推动团队持续进步。

示例：领导者可以设立创新奖励制度，鼓励团队成员提出和实施创新的工程设计或管理方法。

2.失败的看待方式

在积极向上的工作文化中，领导者需要将失败视为学习的机会，而不是惩罚的理由。这有助于消除成员对失败的恐惧，促使他们更愿意尝试新的方法和理念。

示例：领导者可以分享自己在职业生涯中的失败经验，并强调失败是获取经验和改进的机会，从而鼓励团队成员勇于尝试新的工作方式。

思考题

1. 团队建设在土木工程项目中的作用是什么？

2. 你认为如何有效地进行团队管理？

模块八　土木工程创新与可持续发展

项目一　施工工艺创新

一、施工方法的创新

在土木工程项目中，施工方法的创新是提高效率、降低成本的核心。项目管理团队可以通过以下方式进行创新：

（一）引入先进施工技术

1.建筑信息模型（BIM）的应用

（1）BIM 技术概述

建筑信息模型（BIM）是一种数字化的项目管理方法，通过在整个项目生命周期中建立、维护和利用数字化的三维模型，实现设计、施工和运营的全过程协同管理。

（2）BIM 在施工中的优势

a.设计错误减少

BIM 模型可以帮助项目管理团队在施工前发现和解决设计错误，提高设计质量。

b.施工协同管理

BIM 提供了一个共享的数字平台，促进各方实时合作，减少信息不对称，提高施工效率。

c.工程质量优化

通过 BIM 模型的可视化，项目管理团队可以更好地了解工程细节，有助于优化施工过程，提高工程质量。

2.数字化施工管理系统

（1）系统集成管理

数字化施工管理系统通过集成施工计划、进度、成本等信息，实现对整个施工过程的集中管理。这有助于提高实时监控和问题识别的效率。

（2）实时监控与问题解决

数字化施工管理系统能够实时监控施工进度、资源使用情况和成本支出等信息。一旦发现问题，系统能够迅速生成警报，使项目管理团队能够及时采取措施解决。

3.智能建筑材料应用

（1）智能建筑材料概述

智能建筑材料是指具有感应、检测等功能的材料，能够在施工过程中提高效率，提升工程质量。

（2）应用案例

a. 智能混凝土

具备自愈合功能、智能感应等特性，可在施工中提高混凝土的耐久性和强度。

b. 可感知涂料

具有环境感知功能，可以检测空气质量、湿度等参数，有助于提高室内环境质量。

通过引入这些智能建筑材料，项目管理团队可以在施工中更好地掌控材料的性能和工程质量，实现智能化施工的目标。

（二）无人机监测

1. 实时监控项目进度

（1）无人机监测技术概述

无人机监测技术通过搭载高分辨率相机和传感器，实现对土木工程项目的实施监控。这项技术在项目进度管理中具有重要作用。

（2）监测优势

a. 高分辨率图像

通过无人机获取的航拍图像具有高分辨率，可以清晰展示施工现场的细节，为项目管理团队提供准确的信息。

b. 实时性

无人机能够快速、实时地飞越施工现场，及时获取最新的项目进展，有助于提高管理反应速度。

2. 质量和安全监测

（1）定期巡检与检查

无人机可定期巡检施工现场，检查工程质量和安全情况。其灵活性使其能够进入难以到达的区域，发现潜在的质量问题和安全隐患。

（2）安全应用

a. 监测高风险区域

无人机可以飞越高空、陡峭或危险的地区，监测潜在的安全风险，为项目管理团队提供及时的安全信息。

b. 应急响应

在发生事故或紧急情况时，无人机可迅速飞抵现场，提供实时的影像信息，帮助指挥部制定紧急应对策略。

3. 数据集成与分析

（1）数据集成技术

无人机获取的数据可以集成到项目管理系统中，与其他数据源进行整合。这有助于实现对多源数据的全面分析，为项目决策提供更加全面的依据。

（2）数据分析的应用

a. 施工效率分析

对无人机数据的分析，可以评估施工效率，找出影响进度的因素，并制订相应的改进计划。

b.资源利用情况

分析无人机获取的数据，了解资源的实际使用情况，有助于优化资源分配，提高资源利用效率。

二、施工工具和装备的升级

土木工程领域的工具和装备升级对提高工人操作效率至关重要。项目管理团队可以推动升级工具和装备的措施如下。

（一）智能挖掘机的引入

1.自动化控制技术

（1）技术原理

智能挖掘机引入了先进的自动化控制技术，包括激光雷达、传感器、实时数据处理等。这些技术使挖掘机能够在作业过程中实时感知和响应环境变化，从而实现全自动化的挖掘作业。

（2）工作环境感知

a.激光雷达应用

激光雷达可以高精度地扫描工作区域，获取地形信息，帮助智能挖掘机建立工作模型。

b.传感器应用

通过各类传感器感知地下管线、障碍物等，实现工作环境的全方位感知。

2.适应性强

（1）自主导航技术

智能挖掘机具备自主导航功能，能够根据事先设定的路径进行自动行驶。这使得挖掘机在不同地形和作业场景中都能够高效运作，提高了其适应性。

（2）智能路径规划

a.动态路径规划

根据实时获取的工作环境信息，智能挖掘机能够动态调整路径，避开障碍物，提高施工效率。

b.多场景适应

无论是平整场地还是复杂地形，智能挖掘机都能够迅速适应，完成各类挖掘任务。

3.降低人员风险

（1）安全操作

引入智能挖掘机可将操作人员从危险区域解放出来，减少直接人工操作对施工现场的安全风险。挖掘机的自动化控制降低了对人工干预的需求，有效减少了意外事故的发生概率。

（2）安全监测与警报

a.智能感知

挖掘机配备了智能感知系统，能够及时发现潜在危险，并通过预警系统向操作人员发出警报。

b. 紧急停机

在发生紧急情况时，智能挖掘机能够迅速做出反应，实现紧急停机，避免事故进一步扩大。

（二）激光测量仪的应用

1. 提高测量准确性

（1）技术原理

激光测深仪采用激光技术进行测量，通过测量光的传播时间或相位差来获取目标的距离、高度和角度等信息。相较于传统测量工具，其工作原理更为精确，能够提高测量的准确性。

（2）高精度测量

a. 距离测量

激光测深仪能够实现亚毫米级别的距离测量，确保对建筑结构、地形等的测量具有极高的精度。

b. 角度测量

激光测深仪通过精准的角度测量，能够捕捉建筑物细节，确保设计和施工过程中的精细化要求得到满足。

2. 快速大范围测量

（1）高效三维测量

激光测深仪具备高效的三维测量能力，可以在短时间内完成对建筑物、地形等的大范围测量。这有助于提高测量效率，快速获取大量关键数据。

（2）工程周期缩短

a. 设计阶段

在设计阶段，激光测量仪的快速测量能力有助于更迅速地获取现场数据，加速设计过程。

b. 施工阶段

在施工阶段，及时、高效的测量帮助规划和调整工程计划，缩短整体工程周期。

3. 降低人工测量成本

（1）自动化测量

激光测量仪的自动化特性减少了对人工干预的需求，降低了测量过程中的人为误差。自动化测量同时提高了测量的一致性和可重复性。

（2）经济效益提升

a. 时间成本

激光测深仪的快速测量减少了工程所需的时间，降低了人力成本。

b. 精度成本

高精度的激光测深仪虽然投资成本较高，但通过提高测量的准确性，为项目的设计和施工阶段带来更高的经济效益。

三、可视化施工计划

采用可视化的施工计划工具是优化项目管理的有效手段。通过可视化，项目管理团队可以更清晰地了解项目进展和资源分配情况。

（一）甘特图和网络图的运用

1.甘特图的使用

（1）任务可视化

甘特图通过横轴表示时间，纵轴表示任务，清晰地展示了项目的任务和里程碑。项目管理团队可以通过甘特图直观地了解项目的整体进度和各项任务的时间排列。

（2）任务依赖关系

a.明确任务关系

通过甘特图，项目管理团队可以清晰地看到任务之间的依赖关系，帮助识别前后任务之间的逻辑关系。

b.便于沟通

甘特图是一个易于理解和沟通的工具，利于团队成员之间的协作和信息共享。

（3）项目进度掌控

a.实时更新

通过不断更新甘特图，团队能够实时掌握项目的进度情况，及时发现问题并采取措施进行调整。

b.决策依据

甘特图为决策提供了可视化的依据，项目管理者可以基于实际进度情况调整项目计划，确保项目按计划推进。

2.网络图的构建

（1）逻辑关系建模

网络图是一个图论的工具，通过节点和有向边表示任务，揭示了任务之间的逻辑关系。项目管理团队可以通过网络图更全面地理解任务的依赖性。

（2）关键路径分析

a.确定关键路径

网络图有助于确定项目的关键路径，即影响项目总工期的最长路径。这有助于项目管理者集中资源，确保关键路径上的任务按时完成。

b.风险管理

通过分析网络图，项目管理团队可以识别潜在的风险和延迟点，有利于在项目启动前采取风险缓解措施。

（3）优化资源分配

a.资源平衡

通过网络图，项目管理团队可以了解各任务之间的资源关系，更好地进行资源的平衡和优化分配。

b.降低冲突

有了网络图，项目管理团队可以提前识别任务之间可能发生的冲突，通过调整计划来降低资源冲突的风险。

（二）实时数据监控系统的建设

1.建立实时监控平台

（1）系统架构设计

通过实时数据监控系统的建设，项目管理团队可以设计一套完善的系统架构，包括数据采集、存储、处理和展示等环节。合理的系统架构是保障实时监控平台高效运作的基础。

（2）数据采集技术

引入先进的数据采集技术，如传感器、监测设备等，实现对项目各项数据的实时采集。这有助于提高数据的准确性和及时性，为项目管理提供可靠的数据基础。

（3）用户界面设计

设计用户友好的实时监控平台界面，确保项目管理团队能够直观、清晰地查看实时数据。合适的可视化设计有助于信息的快速理解和决策的迅速制定。

2.计划与实际数据对比

（1）制订详细计划

在实时监控平台中，制订详细的项目计划，并将其与实际执行情况进行对比。明确任务的关键路径和里程碑，以便更有效地识别项目进度偏差。

（2）实时数据更新

确保实时监控平台中的数据能够及时更新，反映项目实际进展。采用自动化数据更新机制，避免手动干预引起的延误和错误。

（3）制定偏差纠正措施

一旦发现计划与实际存在偏差，项目管理团队应迅速制定纠正措施。这可能包括资源调整、进度重新安排等，以确保项目能够尽快回到正轨。

3.提高决策效率

（1）制定预警机制

在实时监控平台中引入预警机制，设定关键数据的阈值，一旦超过阈值即发出预警。这有助于团队在问题扩大前及时做出反应。

（2）数据分析工具的运用

结合数据分析工具，对实时数据进行深入分析。通过数据挖掘和模型分析，项目管理团队能得到更深层次的决策支持，帮助理解问题的根本原因。

（3）制订应急计划

基于实时监控数据，制订项目应急计划。在出现重大问题或风险时，项目管理团队可以迅速采取相应措施，降低负面影响，保障项目整体推进。

项目二　绿色施工与可持续发展

一、采用环保材料

在绿色施工的框架下，土木工程项目应着力推动采用环保材料，以减轻对环境的负担。以下是具体的实施方法：

（一）选择可再生材料

1. 竹木等可再生资源的优先应用

（1）竹木材料的可再生性

a. 生长周期短

竹木作为可再生资源，其生长周期相对较短，远远低于传统木材，符合项目对快速获取原材料的需求。

b. 可持续管理

科学合理的管理，可以实现竹木资源的可持续开发和利用，减少过度采伐对生态环境的影响。

（2）可再生材料的环保优势

a. 低碳排放

相比于传统建筑材料，可再生材料的生产过程中通常伴随着更低的碳排放，有助于降低项目的整体碳足迹。

b. 节约能源

可再生材料的生产过程中通常需要较少的能源投入，从而减少对非可再生能源的依赖，提高项目的能源效益。

2. 可再生材料的环保优势在土木工程中的应用

（1）建筑结构

a. 竹木结构的可行性

在土木工程的建筑结构设计中，项目管理团队可以充分利用竹木等可再生资源，设计出具有良好强度和稳定性的建筑结构。

b. 可再生材料的结构优势

可再生材料在土木工程中的应用往往能够满足结构设计的要求，同时降低整体结构的环境影响。

（2）道路与桥梁建设

a. 可再生材料在道路工程中的应用

在道路与桥梁建设中，可再生材料如再生钢铁等的应用，不仅提高了工程的可持续性，还降低了对有限自然资源的依赖。

b. 环保工程材料的推广

通过推广使用可再生材料，土木工程项目可以在道路与桥梁建设中发挥更大的环保效益，减少对大自然的负面影响。

通过优先应用竹木等可再生资源，项目管理团队能够在土木工程项目中迈向更加环保和可持续的方向。同时，深入挖掘可再生材料的环保优势，广泛应用于土木工程的建筑结构、道路与桥梁建设等方面，不仅满足项目需求，更有助于推动整个行业向可持续的未来迈进。

（二）采用低碳材料

1. 降低大气碳排放

（1）低碳材料的定义

a. 清洁生产原则

低碳材料是指在其生产、使用和处理的整个生命周期内，能够降低温室气体排放的材料。采用低碳材料是为了贯彻清洁生产的原则，减少对大气环境的负面影响。

b. 低碳材料的示例

低碳材料包括但不限于再生金属、高性能混凝土、再生玻璃等。这些材料在生产和使用阶段产生的碳排放相对较低，是绿色建筑的理想选择。

（2）低碳材料在土木工程项目中的应用

a. 低碳建筑材料的选用

在土木工程项目中，项目管理者可以选择低碳建筑材料作为主要材料，如使用再生金属替代传统结构材料，降低碳排放。

b. 低碳施工工艺

采用低碳施工工艺，包括减少浪费、提高能源利用效率等措施，进一步减少项目的整体碳足迹。

2. 推动行业向低碳发展

（1）与供应商的合作

a. 促进低碳材料的研发

项目管理团队可以积极与供应商合作，共同推动低碳材料的研发，推动行业向更环保的方向发展。

b. 制定可持续采购政策

制定可持续采购政策，鼓励供应商提供低碳材料，使低碳材料成为土木工程项目的首选。

（2）知识与经验分享

a. 举办低碳技术培训

通过举办低碳技术培训和经验分享会，推动土木工程行业的从业者更深入地了解低碳材料。

b. 发布低碳工程案例

将采用低碳材料的工程案例进行宣传，鼓励行业内的其他项目效仿，推动整个行业向低碳发展。

通过采用低碳材料，土木工程项目既能够降低对大气的碳排放，又能够推动整个行业向更加环保和可持续的方向发展。项目管理团队在与供应商的合作中发挥关键作用，通过分享知识与经验，共同推动低碳材料在土木工程项目中的广泛应用。

二、节能施工设计

绿色施工需要在设计阶段就考虑节能措施，通过合理的设计优化建筑结构和设备布局，以降低能耗。

（一）太阳能光伏板的应用

1.技术原理

太阳能光伏板的工作原理基于光伏效应，即光照射到半导体材料上时，光子能量被半导体吸收，激发半导体中的电子，从而产生电流。这一过程将太阳能转化为电能，为土木工程项目提供可再生的清洁能源。

2.施工阶段应用

（1）设计考虑

在项目设计阶段，项目管理团队应充分考虑太阳能光伏板的应用，通过合理的建筑设计，将太阳能光伏板集成到建筑结构中，以确保其在施工过程中得以高效安装。

（2）布局规划

在建设阶段，项目管理团队需要制定详细的太阳能光伏板布局规划。考虑光照条件、建筑朝向等因素，优化太阳能光伏板的布置，最大限度地利用太阳能资源，提高能源转化效率。

（3）施工安装

在具体施工中，项目管理团队需要严格按照设计规划进行太阳能光伏板的安装，采用专业的安装团队，确保光伏板的牢固固定和电气连接，同时遵循安全操作规程。

3.能源自给自足

（1）减少对传统能源的依赖

太阳能光伏板的应用有助于项目实现能源自给自足。通过将太阳能转化为电能，项目可以减少对传统能源的依赖，从而降低能源成本，减轻其对传统能源资源的压力。

（2）符合绿色施工理念

太阳能光伏板的能源自给自足不仅降低了项目的环境影响，更符合绿色施工的理念。通过减少碳排放和降低能源消耗，项目对环境的负面影响更为轻微，可持续性得到进一步提升。

太阳能光伏板的应用在土木工程项目中体现了现代可持续发展的理念。通过技术原理的合理利用、在施工阶段的精心设计和布局，以及实现能源自给自足的目标，太阳能光伏板为项目提供了清洁、可再生的能源，为绿色施工和可持续发展做出了积极贡献。

（二）智能照明系统的优势

1.智能调控功能

（1）环境感应和自动调光

智能照明系统通过引入感应器和自动化控制，实现对照明的智能调控。感应器可以监测环境光线和照明系统使用情况，根据需要自动调整照明亮度。这不仅提高了照明系统的灵活性，还有效降低了能耗，提高了能源利用效率。

（2）节能与环保

通过智能调控功能，系统能够根据自然光照的变化调整人工照明的亮度，最大限度地利用自然光，减少了白天过度照明的情况。这不仅节约了电力资源，降低了能耗，还符合绿色施工的理念，有助于降低碳排放，减缓对环境的影响。

2.设计阶段的整合

（1）布局规划

在项目设计阶段，项目管理团队应当将智能照明系统的整合纳入考虑。项目管理团队需要合理规划照明系统的布局，确定灯具的位置和数量，以及感应器的设置，以确保在施工完成后系统能够顺利投入使用。

（2）控制方式的优化

在设计阶段，项目管理团队还需要优化智能照明系统的控制方式。考虑到建筑内部不同区域的使用需求和光照要求，通过合理设置控制参数，实现不同区域的独立控制，提高系统的智能性和适应性。

3.绿色施工理念

（1）节能减排

智能照明系统的应用符合绿色施工的理念。通过节能调光和自动化控制，系统能够最大限度地减少能耗，实现能源的有效利用。这有助于项目达到节能减排的目标，符合可持续发展的要求。

（2）节能环保的示范效应

智能照明系统的应用不仅仅会给项目本身带来环保效益，还具有示范效应，向社会展示采用现代科技手段实现能源效益，鼓励其他项目在设计和施工中引入更多智能化、绿色化的技术和设备。

（二）节能设计评估

1.能耗模拟和分析

（1）节能设计的重要性

在土木工程项目中，进行节能设计评估是确保项目可持续发展的关键步骤。通过对建筑能耗进行模拟和分析，设计团队可以全面了解建筑在不同条件下的能源利用情况，找到最优的节能方案。

（2）模拟过程和方法

能耗模拟通常通过计算机模拟建筑在不同季节、天气条件下的能源需求，使用先进的建筑性能模拟软件，对建筑结构、绝缘材料、采光系统等进行模拟，分析它们对能耗的影响。这一过程能够提供详尽的数据，为设计团队提供科学的依据。

2.专业软件的应用

（1）建筑性能模拟软件

采用专业的建筑性能模拟软件是进行节能设计评估的有效途径。这些软件能够模拟建筑在不同气候条件下的热舒适性、采光情况及能源利用效果。在模拟过程中，项目管理团队可以对建筑结构和系统进行调整，以找到最具节能效果的设计。

（2）数据分析和结果解读

通过模拟软件产生的大量数据，设计团队可以进行深入的数据分析和结果解读。这包括对能源需求的时序分析、不同设计方案的比较、系统性能的优化等。通过对数据的精准解读，设计团队能够明确哪些方面需要改进，从而提高整体的节能性能。

3. 实现可持续发展的目标

（1）引入先进的节能技术

通过能耗模拟和专业软件的应用，设计团队能够评估和引入先进的节能技术。这可能涉及采用更高效的绝缘材料、智能化的照明系统、可再生能源等。这些技术的引入将在施工阶段实现更低的能耗。

（2）经济效益的实现

在设计阶段进行节能设计评估，不仅有助于保护环境，还能为项目的长期运营提供经济效益。减少能耗将降低能源成本，提高建筑的经济可行性。这符合可持续发展的原则，为项目的整体成功奠定了坚实基础。

三、可持续废弃物管理

有效的废弃物管理是实现绿色施工的重要环节。项目组织者应制定科学的废弃物管理策略，将废弃物最小化，实现循环经济。

（一）废弃物分类与回收利用

1. 明确的分类标准

（1）建筑废弃物的分类

在建筑工程中，根据废弃物的来源和性质，制定明确的建筑废弃物分类标准。这可以包括混凝土废弃物、砖瓦废弃物、木材废弃物等，为后续的处理和回收提供基础。

（2）电子废弃物的分类

针对电子设备产生的废弃物，建立细致的电子废弃物分类标准。包括旧计算机、废弃电线等，确保电子废弃物能够得到合理的处理和再利用。

（3）可回收材料的分类

制定可回收材料的分类标准，包括金属、塑料、玻璃等。通过明确的分类，提高可回收材料的回收效率，减少资源浪费。

2. 推动有效回收

（1）制定回收政策

项目管理团队应制定废弃物回收政策，明确回收的具体步骤和责任方。建立有效的回收机制，鼓励项目成员积极参与。

（2）激励措施

设计激励措施，鼓励工程人员和相关方参与废弃物回收。这可以包括奖励计划、荣誉证书等，提高回收的积极性。

（3）建立回收网络

与废品回收企业或相关机构建立合作关系，确保废弃物能够得到高效的回收和再利用。建立完整的回收网络，促进资源的循环利用。

通过明确的分类标准和推动有效回收，土木工程项目可以最大程度地减少废弃物对环境的负担，实现资源的循环利用，符合可持续发展的要求。这不仅有助于环保，也为社会和经济发展提供了积极的支持。

（二）建立废弃物管理体系

1.废弃物产生

（1）工程活动监测

通过实施系统的监测措施，对工程活动中废弃物的产生进行实时跟踪，这可以借助传感技术、监控摄像头等先进工具，确保准确获取废弃物的产生情况。

（2）数据支持

采集并记录废弃物的种类、数量、产生地点等信息。建立数据库，对废弃物产生的数据进行分析和整理，为后续的废弃物管理提供科学的数据支持。

2.完善的记录和处理

（1）废弃物记录系统

建立废弃物记录系统，包括电子化的记录和实时更新。确保记录的完整性，为项目管理团队提供及时的废弃物信息。

（2）合规处理机制

制定符合法规的废弃物处理机制，确保废弃物的处理过程合规无误。这可能包括委托合格的废弃物处理单位、选择环保友好型的处理方式等。

（3）减量化处理策略

引入减量化处理策略，通过工程优化、资源合理利用等手段，最大限度地减少废弃物的产生。制定废弃物减量化的具体目标和计划，推动绿色施工的实施。

通过建立废弃物管理体系，项目管理团队能够更全面、科学地了解废弃物的产生和去向，有助于优化废弃物管理过程，减轻对环境的不良影响。这种管理体系也有助于提高整个工程的可持续性，体现了项目在社会责任和环境保护方面的承诺。

项目三　社会责任与环保

一、环境影响评价

在土木工程项目启动前，进行全面的环境影响评价是确保项目可持续发展的关键一步。以下是具体的实施方法：

（一）评估方法的选择

1.生命周期评价（LCA）

生命周期评价是一种系统性的方法，旨在评估产品或服务在其整个生命周期内对环境的潜在影响。对于土木工程项目，LCA 的应用可以涵盖建设、运营和拆除等不同阶段。

实施方法：

（1）数据收集

收集土木工程项目各阶段的相关数据，包括原材料获取、建设过程、设施运营和维护，以及最终的拆除和废弃处理。

（2）影响评估

使用生命周期评价工具，分析这些数据并评估其对资源消耗、能源使用、排放物排放等方面的影响。

（3）制定改进措施

根据评估结果，制定改进项目环境性能的具体措施，以减轻负面影响并提高项目的可持续性。

2.环境影响报告（EIA）

环境影响报告是一种广泛应用的评估方法，主要用于评估项目对环境可能产生的各种直接和间接影响。这包括水、土壤、空气质量、生态系统等多个方面。

实施方法：

（1）现地勘察

对项目所在地进行详尽的勘察，了解自然环境、地形、水文地质等基本信息。

（2）环境参数分析

通过对环境参数的分析，确定可能受到影响的要素，如水资源、土壤质量、植被覆盖等。

（3）影响评估

利用环境影响报告工具，评估项目可能对周边环境造成的影响，包括生态系统破坏、水资源污染等。

（4）制定应对策略

根据评估结果，制定相应的环保措施和管理计划，以减缓负面影响，保护周边环境。

（二）制定环保措施

1.资源保护措施

（1）可持续采购

采用可再生和环保材料，减少对非可再生资源的依赖。

（2）节能技术

引入先进的节能技术，减少在建设和运营阶段的能源消耗。

循环经济理念：推动土木工程项目中的循环经济，通过废弃物的回收再利用，减少资源浪费。

2.生态系统保护措施

（1）植被保护

采取措施确保工程不破坏周边植被，通过植树造林等方式进行生态修复。

（2）水体保护

采用合理的水资源管理策略，防治水土流失，减少对水体的污染。

（3）采用生态工程技术

在土木工程项目中引入生态工程技术，如湿地处理等，以提高对生态系统的保护。

3.社会环境保护措施

（1）社区参与

与当地社区积极沟通，听取居民意见，建立互动机制，确保项目不对社区生活造成负面影响。

（2）文化遗产保护

在设计和施工中充分考虑当地文化和历史遗产，采取措施保护重要文化遗产。

二、生态修复与保护

在土木工程项目中，注重生态修复与保护，有助于维护原有生态系统的平衡。以下是具体的实施方法：

（一）采用植被覆盖

1.生态修复原理

植被覆盖是一种通过引入植物来修复受到破坏的生态系统的方法。在土木工程项目中，这项措施的实施可以采用以下原理：

（1）土壤保持

植被的根系能够固定土壤，减缓水土流失，降低施工活动对地表的侵蚀。

（2）生态多样性

不同种类的植物具有不同的生态功能，引入植被可以提高生态系统的多样性，增加抗干扰素力。

（3）氮循环

植物通过根系吸收和固定氮，有助于维持土壤的养分平衡，促进氮的有机循环。

2.实施方法

（1）选择适应性强的植物

选择适应当地气候和土壤条件的植物，以确保其能够顺利生长并发挥生态修复的作用。

（2）合理设置植被带

根据土木工程项目的实际情况，合理设置植被带，形成自然的屏障，减缓水流速度，防止水土流失。

（3）科学施肥

对植被进行科学施肥，保障其养分供应，增强其对环境的适应性。

（4）定期养护

在工程施工和运营期间，对植被进行定期养护，及时发现并处理可能影响生态修复效果的问题。

（二）土壤修复

1.土壤修复原理

土壤修复是通过一系列工程手段和技术手段，使受到污染或破坏的土壤恢复到一定的环境质量标准。在土木工程项目中，土壤修复的原理包括：

（1）生物修复

利用微生物、植物等生物体对土壤中的有害物质进行降解、吸附或蓄积，促进土壤的自净能力。

（2）物理修复

通过物理手段，如抽气、填埋等，清除土壤中的有害物质，净化土壤。

（3）化学修复

使用化学物质对土壤进行处理，使有害物质转化成较为稳定和无害的物质。

2.实施方法

（1）详细调查和监测

在项目启动前，进行土壤详细调查，了解土壤的类型、污染程度等情况，并建立监测体系，掌握土壤修复的进展。

（2）选择合适的修复技术

根据土壤污染的类型和程度，选择适用的修复技术，如生物修复、热解吸附等。

（3）实施修复计划

制订详细的土壤修复计划，包括施工方案、修复周期和检测频率等，确保修复工程的高效实施。

（4）监测和评估

在土壤修复过程中，进行持续的监测和评估，及时调整修复策略，确保土壤修复效果符合预期目标。

三、社会参与沟通

积极参与当地社区是实现社会责任与环保的关键。以下是具体的实施方法：

（一）定期沟通会议

定期召开社区沟通会议，向社区居民介绍项目的发展计划、可能的影响及采取的环保措施，通过及时的信息分享，建立透明度，赢得社区的理解和支持。

（二）社区座谈会

举办社区座谈会，听取社区居民的意见和建议，通过倾听社区的需求，调整项目计划，使其更符合社会期望。

四、环境教育与培训

通过环境教育与培训，提高工程人员和相关人群的环保意识，有助于推动土木工程朝着可持续发展的方向发展。以下是具体的实施方法：

（一）定期沟通会议

1.沟通会议的重要性

定期召开社区沟通会议是土木工程项目中社会参与沟通的重要环节。通过这一机制，项目组织者可以及时向社区传递项目信息，解释项目的影响，并听取社区居民的反馈，从而增进双方的理解和信任。

2.会议组织与内容

（1）组织形式

选择适当的组织形式，可以是线下会议、在线会议，或结合两者，以便社区居民能够方便参与。

（2）信息分享

在会议中分享项目的发展计划、施工进展和可能的影响，采用清晰简明的语言，避免使用过于专业化的术语，以确保社区居民易于理解。

（3）透明度

强调项目的透明度，向社区居民展示决策过程、环保措施和风险管理策略，建立公正、公开的形象。

（4）问题解答

针对社区居民可能关心的问题，提前准备并进行详细解答。这有助于消除疑虑，增强社区居民对项目的信任感。

（二）社区座谈会

1.座谈会的意义

社区座谈会是一种更加开放、互动性更强的社会参与方式。通过这一形式，项目组织者可以深入了解社区居民的真实需求，收集更多的反馈信息，为项目的调整和改进提供有力支持。

2.座谈会的组织与实施

（1）会前准备

在座谈会前，通告社区居民并提供相关资料，使其能够更好地了解讨论的议题。

（2）主持人引导

由熟悉项目的主持人引导座谈，确保会议的秩序井然，各方有机会表达意见。

（3）听取建议

设立专门的时间听取社区居民的建议和意见，鼓励开放式的讨论，使社区居民感到他们的声音被重视。

（4）记录和回馈

记录座谈会的讨论内容，并在会后向社区居民反馈讨论结果和后续计划，保持信息的流通。

思考题

1. 土木工程项目中创新与可持续发展的重要性是什么？

2. 你认为如何推动土木工程项目的创新和可持续发展？

参考文献

[1] 王小玲.土木工程建设中结构与地基加固技术的运用 [J].砖瓦,2021（12）：89—90.

[2] 李正青.土木工程结构设计与路桥施工技术新思考 [J].运输经理世界,2020（16）：93—94.

[3] 常萍,孙双喜,梁卓昕.BIM 技术在土木工程结构设计中的应用研究 [J].四川建材,2021,47（8）：46—47.

[4] 王雅莉.土木工程建设中结构与地基加固技术的运用 [J].住宅与房地产,2017（26））：123—124.

[5] 葛积洪.土木工程设计中结构与地基加固技术的应用研究 [J].建材与装饰,2019（10）：101—102.

[6] 王丽媛.土木工程施工中地基加固结构技术的应用研究 [J].山西建筑,2014（33）：155—157.

[7] 周全.结构与地基加固技术在土木工程设计中的应用分析 [J].建筑工程技术与设计,2018（27）：250.

[8] 吴刚.土木工程设计中结构与地基加固技术的应用分析 [J].工程技术研究,2020,5（8）：58—59.

[9] 周彦兵.结构与地基加固技术在土木工程设计中的应用分析 [J].建筑·建材·装饰,2018（13）：216.

[10] 侯俊峰.结构与地基加固技术在土木工程设计中的应用分析 [J].科学与财富,2017（18）：300.

[11] 张裕.土木工程结构设计与地基加固技术分析 [J].现代物业,2021（11）：68—69.

[12] 杨超.结构与地基加固技术在土木工程设计中的应用分析 [J].建筑工程技术与设计,2017（8）：379—380.

[13] 罗安仲.土木工程结构设计与地基加固技术分析 [J].广西城镇建设,2021（3）：64—65.

[14] 李晓丽.土木工程设计中结构与地基加固技术的应用分析 [J].建材与装饰,2021,17（10）：93—94.

[15] 王焕.对土木工程建筑施工技术及创新探究 [J].化工管理,2018,（24）212—213.

[16] 黄钱伟.关于土木工程施工现场管理优化措施探索 [J].建筑技术研究,2020,（85）18-60.

[17] 王桦.建筑土木工程施工技术控制的重要性探讨 [J].居舍,2022,（2）112—114.

[18] 符惠萍.土木工程建筑施工技术的重要性探讨 [J].居舍,2021,（27）：35—36.

[19] 赵正卫.浅谈建筑工程施工技术问题及控制措施 [J].江西建材，2014（18）：55—55.

[20] 蔡长青.土木工程施工管理中存在的问题及对策 [J].山西师范大学学报（自然科学版），2013（S2）：149—150.

附　录

附录一　安全意识调查问卷

尊敬的员工：

为了更全面地了解您对安全文化的认知和态度，我们制定了以下调查问卷。您的真实回答将有助于评估和改进我们的安全文化建设。请您认真思考每个问题，并选择最适合您观点的答案。

个人信息：

姓名：_____

部门：_____

工作职务：_____

问题：

1.您对公司的安全政策和规定是否了解？

（A）完全了解

（B）了解一部分

（C）不太了解

（D）不了解

2.在工作中，您会主动参与安全培训吗？

（A）经常参与

（B）偶尔参与

（C）很少参与

（D）从不参与

3.您认为公司在安全培训方面的投入是否足够？

（A）非常足够

（B）足够

（C）不够

（D）非常不够

4.对于工作中可能存在的安全隐患，您是否愿意主动报告？

（A）是，我会立即报告

（B）是，但可能会延迟报告

（C）否，我担心可能会受到负面影响

（D）否，我认为这不是我的责任

5.您对公司的紧急疏散计划和应急措施了解多少？

（A）很了解

（B）了解一部分

（C）不太了解

（D）不了解

6.在工作场所，您是否主动使用安全防护设备？

（A）总是使用

（B）大部分时间使用

（C）很少使用

（D）从不使用

7.您认为公司的安全奖励和惩罚制度是否公平合理？

（A）非常公平合理

（B）比较公平合理

（C）一般

（D）不够公平合理

8.您是否认为员工在公司中对安全的态度普遍积极？

（A）是，绝大多数员工积极

（B）是，但有一部分不够积极

（C）否，大部分员工不够积极

（D）否，绝大多数员工不够积极

9.您认为公司在安全文化方面需要改进的地方有哪些？

10.您有何建议，希望公司在安全文化方面进行哪些具体的改进？

感谢您参与本次调查，您的意见对我们的安全文化建设至关重要。我们将根据您的反馈做出相应的改进，确保工作环境更加安全和健康。

附录二 安全培训内容设计

尊敬的员工：

为了确保您对安全文化有全面深刻的认知，我们特别设计了以下安全培训内容。培训将涵盖安全法规、事故案例分析及实际技能培训等多个方面，旨在增强您的安全意识和应对突发事件的能力。请您认真参与培训，并与我们一同努力构建更加安全的工作环境。

一、安全法规培训

1.法规概述

了解国家和地区的相关安全法规，明确工作中需要遵守的法规框架。

2.职业健康与安全法规

深入解析与公司工作相关的职业健康与安全法规，明确责任和义务。

3.紧急疏散与逃生法规

学习公司紧急疏散与逃生的相关法规，提高在紧急情况下的自救能力。

二、事故案例分析培训

1.案例介绍与分析方法

学习分析事故案例的方法，了解案例分析对于安全文化建设的重要性。

2.真实案例分析

通过真实案例，深入分析事故发生的原因、经过及后续应对措施，提高员工对风险的敏感性。

3.团队讨论与分享

培养团队合作意识，通过讨论与分享，共同总结案例中的经验教训。

三、实际技能培训

1.急救与心肺复苏（CPR）

学习基本急救知识，包括心肺复苏技能，提高员工对突发状况的应对能力。

2.灭火器使用培训

了解灭火器的种类和使用方法，提高在初期火灾发生时的应对能力。

3.应急演练

参与模拟应急场景的演练，检验培训效果，增强员工在紧急情况下的冷静和应对能力。

四、综合测试与反馈

1.培训后测试

进行培训后的知识测试，评估员工对培训内容的掌握程度。

2.反馈和建议

收集员工对培训内容的反馈和建议，以便优化未来的培训计划。

感谢您的积极参与，我们相信通过这些培训，您将更加具备全面的安全认知和实际操作技能。希望您能将所学应用于工作中，为公司的安全文化建设贡献力量。